转基因政策

POLICY OF GENETICALLY MODIFIED ORGANISMS MANAGEMENT

「 杨雄年　主编 」

中国农业科学技术出版社

图书在版编目（CIP）数据

转基因政策 / 杨雄年主编 .—北京：中国农业科学技术出版社，2018. 1
（转基因科普书系）
ISBN 978-7-5116-2776-6

Ⅰ. ①转… Ⅱ. ①杨… Ⅲ. ①转基因技术－政策－研究
Ⅳ. ①Q785

中国版本图书馆 CIP 数据核字（2017）第 321147 号

策　　划　吴孔明　张应禄
责任编辑　李　雪　朱　绯
责任校对　马广洋

出 版 者　中国农业科学技术出版社
　　　　　北京市中关村南大街12号　　邮编：100081
电　　话　（010）82106626（编辑室）（010）82109702（发行部）
　　　　　（010）82109709（读者服务部）
传　　真　（010）82106650
网　　址　http: // www.castp.cn
经 销 者　各地新华书店
印 刷 者　北京科信印刷有限公司
开　　本　787mm×1 092mm　1/16
印　　张　8.75
字　　数　123千字
版　　次　2018年1月第1版　　2018年1月第1次印刷
定　　价　36.00元

转 基 因 科 普 书 系

《转基因政策》

编 辑 委 员 会

PREFACE / 序

转基因技术是通过将人工分离和修饰过的基因导入生物体基因组中，借助导入基因的表达，引起生物体性状可遗传变化的一项技术，已被广泛应用于农业、医药、工业、环保、能源、新材料等领域。农业转基因技术与传统育种技术是一脉相承的，其本质都是利用优良基因进行遗传改良。但和传统育种技术相比，转基因技术不受生物物种间亲缘关系的限制，可以实现优良基因的跨物种利用，解决了制约育种技术进一步发展的难题。可以说，转基因技术是现代生命科学发展产生的突破性成果，是推动现代农业发展的颠覆性技术。

从世界范围来看，转基因技术及其在农业上的应用，经历了技术成熟期和产业发展期后，目前已进入以抢占技术制高点与培育现代农业生物产业新增长点为目标的战略机遇期。对我国而言，机遇与挑战并存，需要利用现代农业生物技术，促进农业发展，保障粮食安全和生态安全。

像任何高新技术一样，农业转基因技术也存在安全性风险。我国政府高度重视转基因技术安全性评价和管理工作，已建立了完整的安全管理法规、机构、检测与监测体系，并发布了一系列转基因生物环境安全性评价、食品安全性评价及成分测定的技术标准。国际食品法典委员会（CAC）、联合国粮农组织（FAO）和世界卫生组织（WHO）等国际组织也制定了相应的转基因生物安全评价标准。要在利用转基因技术造福人类的同时，科学评价和管控风险，确保安全应用。

虽然到目前为止，全球尚没有发生任何转基因食品安全性事件，但公众对转基因产品安全性的担忧是始终存在的。从人类社会发展历史来看，不少重大技术从发明到广泛应用，都经历过一个曲折复杂的过程，其中人们对新技术的认识和接受程度起着重要的作用。因此，转基因科学普及工作是十分必要的，科学界要揭开转基因技术的神秘面纱，帮助公众在尊重科学的基础上，理性地看待转基因技术和产品。我们组织编写《转基因科普书系》，就是希望提高全社会对转基因技术的认知程度，为我国农业转基因技术的发展营造良好的社会环境。愿有志于此者共同努力！

中国工程院院士
中国农业科学院副院长 吴孔明

CONTENTS / 目录

第一章 转基因管理机构

第二章　转基因法律法规

第三章 转基因安全评价

第四章 转基因标识管理

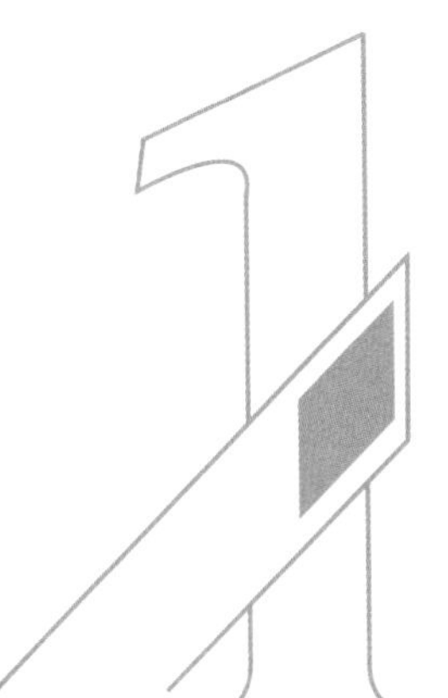

第一章　转基因管理机构

第一节　转基因管理的发展历程

转基因技术是科技史中最令人瞩目的新技术之一，其为人类解决食物短缺、提高食品品质等一系列问题带来了希望。与此同时，转基因技术也一直存在争议，早在其诞生之初，就首先引起了科学家的关注。1972年的欧洲分子生物学协会（EMBO）会议，就利用限制性内切酶构建DNA重组体以及由此带来的潜在风险进行专门的讨论；1973年的高登会议，通过了致信美国国家科学院（NAS）的决定，提出对重组DNA风险予以严肃考虑；1975年的阿西洛马会议确定关于重组DNA技术的基本策略，包括认可它对于生命科学的意义，正视其潜在的生物安全风险，在保证安全的前提下鼓励继续研究。基于转基因生物存在的争议和风险，国际组织和各国政府都重视转基因生物安全管理，积极应对转基因技术存在的潜在风险，回应公众的关注，保证国际贸易顺利进行。

一、公众关注阶段（1976—1986年）

1976年，美国国立卫生研究院颁布《重组DNA分子研究准则》，开始对重组DNA操作实施管理。1979年，日本政府首相颁布了《重组DNA生物实验指南》，随后转基因安全管理机构（文部科学省、厚生劳动省、农林水产省、通产省）发布多条重组DNA准则。1986年，经济合作与发展组织（OECD）制定了《重组DNA安全性考虑——用于工业、农业和环境的重组DNA生物安全性》，这是全球第一个转基因技术安全管理的国际文件。

二、政策法规制定阶段（1986—1993年）

1986年6月，美国政府颁布的《生物技术法规协调框架》是关于转基因生物安全管理的法律框架，它规定了美国在生物安全管理方面的部门协调机制，对需要审查和管理的基因工程生物进行较严格的考察。在此框架下，成立了国家生物技术科学协调委员会。具体管理工作由美国农业部（USDA）、美国国家环境保护局（简称环保署，EPA）、美国食品药品监督管理局（简称食药局，FDA）3个机构负责。农业部负责转基因生物的农业和环境安全，环保署负责内置农药转基因生物的安全应用，食药局负责转基因生物的食品和饲料安全。1990年，联合国粮食及农业组织（FAO）和世界卫生组织（WHO）召开转基因食品专家联席咨询会议，提出现代生物技术生产的食品安全性不低于传统技术生产的食品，但要关注转基因食品的安全性。同年，欧盟以指令性的方式颁布了《关于限制使用转基因微生物的条例》和《关于人为向环境释放（包括投放市场）转基因生物指令》两个有关转基因生物管理的法规。

1992年，OECD修订了《生物技术安全性考虑》，提出“分阶段评价原则”和“个案分析原则”，并制定了一系列与转基因风险分析相关的基础共识文件70多个。1993年，OECD首次提出在转基因生物安全评价中采取的两个原则："实质等同原则"和"熟悉原则"，其后又与其他国际组织一起提出了"个案分析原则""循序渐进原则""科学原则"，这些原则被国际社会广泛认可和采用。

世界贸易组织（WTO）通过乌拉圭回合多边贸易谈判达成了《实施动植物卫生检疫措施协议》（SPS协议）以及《技术性贸易壁垒协议》（TBT协议）对转基因产品的贸易规则进行了规定。

三、管理办法出台阶段（1994—2017年）

加拿大制定了对生物技术产业的管理政策，规定政府要利用《食品和药品法》和管理机构对转基因农产品进行管理，具体的管理机构为卫生部、农业部食品检验局和环境部。1994年，澳大利亚成立了一个基因技术顾问委员会，由生物学家、法律、伦理、生态环境学家以及社会公众代表组成，负责对基因技术的安全性及可能涉及的法律问题为政府提供咨询，同时制定有关安全标准并予以实施。1995年，FAO和WHO下设的国际食品法典委员会（CAC）召开的第21次大会上，通过了转基因国际标准的研制工作决议，交由其相关委员会承担生物技术所带来的安全、标识和营养方面的相关工作。

2000年，CAC成立生物技术食品政府间特别工作组，在转基因食品领域制定转基因食品标签制度、风险评估和检测识别的分析原则和指南。同年，澳大利亚颁布的《基因技术法案2000》确定了转基因生物管理机构框架。2002年，欧盟发布了178/2002号法规，并在欧盟执行委员会、欧洲议会和理事会的努力推动之下正式成立了欧洲食品安全局（EFSA），以协调欧盟各国。EFSA职能之一是负责开展转基因风险评估，独立地对直接或间接与食品安全有关的事务提出科学建议。2004年起，国际标准化组织（ISO）先后发布了6个转基因检测通用标准。2005年，巴西颁布新的生物安全法对国家生物安全理事会、国家生物安全技术委员会等转基因生物安全管理机构的任务和机制做出了明确规定。2007年，韩国批准了《卡塔赫纳生物安全议定书》，之后实施《转基因生物法案》，根据法案成立了生物安全委员会，负责协调各政府部门关于转基因管理的立场和观点。2015年，欧洲议会通过一项法令，允许欧盟成员国根据各自情况选择批准、禁止或限制在本国种植转基因作物。2016年，美国国会通过一项转基因标识法案。2017年，美国政府公布了修订版的《生物技术法规协调框架》。

中国是世界上较早制定并实施转基因生物管理法规的国家之一。自1993年国家科委制定《基因工程安全管理办法》以来，农业部在1996年正式实施《农业基因工程安全管理办法》，对转基因生物的研究试验进行安全性评价和管理；2001年国务院颁布了《农业转基因生物安全管理条例》（以下简称《条例》），从研究试验到生产、加工、经营和进出口各环节对农业转基因生物进行安全管理；之后，相关部委又相继发布并实施与《条例》相配套的《农业转基因生物安全评价管理办法》《农业转基因生物进口安全管理办法》《农业转基因生物标识管理办法》《转基因食品卫生管理办法》（已废止）和《进出境转基因产品检验检疫管理办法》。2016年，农业部对《农业转基因生物安全评价管理办法》进行了修订。2017年，农业部印发了《农业转基因生物（植物、动物、动物用微生物）安全评价指南》。

第二节　转基因生物安全管理机构

随着转基因技术不断发展，转基因生物安全性问题逐渐成为国际社会普遍关注的热点，转基因生物安全管理受到世界各国的高度重视。不同国家根据本国国情及法律法规，指定已有机构或新成立相关部门对转基因生物安全进行管理。由于各国政治、经济、文化等诸多差异，国际上转基因生物安全管理没有统一的模式。

一、中国转基因生物安全管理机构

中华人民共和国国务院建立了由农业部牵头、12个部门组成的农业转基因生物安全管理部际联席会议制度，负责研究和协调农业转基因生物安全管理工作的重大问题。农业部设立农业转基因生物安全管理办公室，负责全国农业转基因生物安全管理的日常工作。县级以上地方各级人民政府农业行政主管部门负责本行政区域内的农业转基因生物安全的监督管理工作。县级以上各级人民政府有关部门依照《中华人民共和国食品安全法》的有关规定，负责转基因食品安全的监督管理工作。中国转基因安全管理体系见图 1.1。

中国转基因生物安全管理技术支撑体系主要包括安全评价体系、标准体系及检测体系，分别对应以下3个机构。国家农业转基因生物安全委员会（以下简称安委会）是由部际联席会议成员单位遴选和推荐，农业部聘任组建，主要负责农业转基因生物的安全评价工作，为转基因生物安全管理提供技术咨询。农业部组建的全国农业转基因生物安全管理标准化技术委员会（以下简称安委会），主要负责转基因动物、植物、微生物及其产品的研究、试验、生产、加工、经营、进出口及安全管理方面相关的国家标准制修订工作。另外，农业部还建设了一批农业转基因生物安全监督检验测试机构，涵盖产品成分、环境安全、食用安全3个类别，为《农业转基因生物安全管理条例》及其配套规章的实施提供了重要的技术保障。

农业部科技发展中心是农业部直属事业单位，2001年加挂“农业部转基因生物安全监管中心”的牌子，负责国家农业转基因生物安全评价与检定中心建设与管理；组织农业转基因生物安全标准制修订；承担农业部农业转基因生物安全评价检验测试机构建设指导；承担全国农业转基因生物研究、试验、生产、加工、经营和进出口活动中安全评价的受理审查、跟踪检查、检测监测技术鉴定和样品保藏。

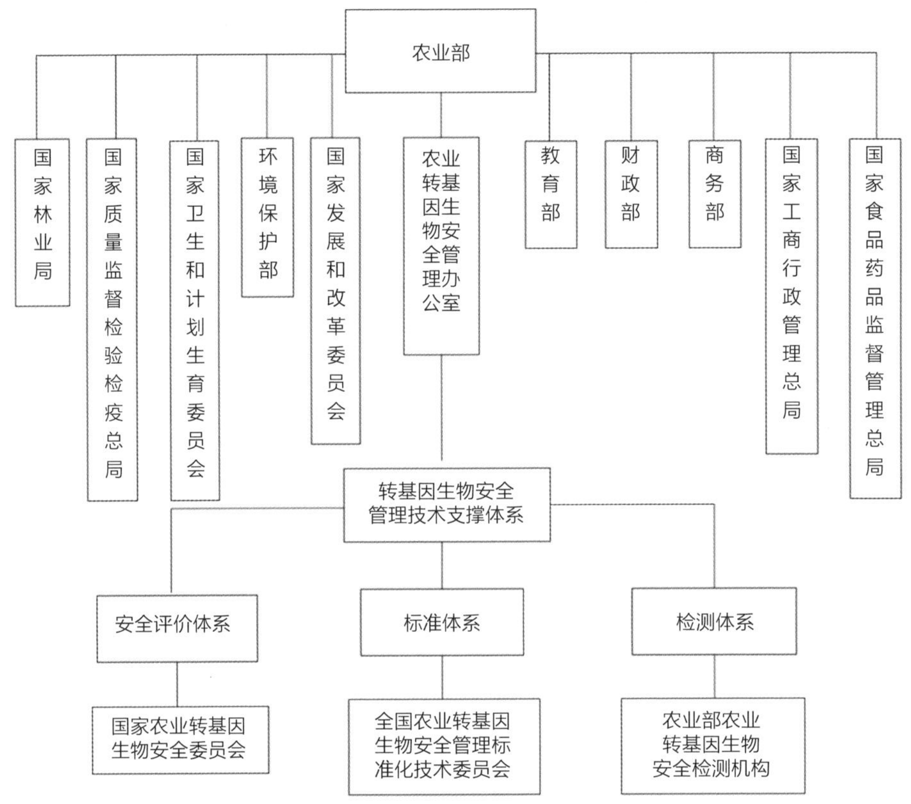

图 1.1　中国转基因安全管理体系

二、美国转基因生物安全管理机构

美国转基因的管理主要依据1986年颁布的《生物技术法规协调框架》，框架指定了3个转基因产品的管理机构：即农业部（USDA）、环保署（EPA）以及食药局（FDA），3个部门依据不同的法律，对转基因产品分别进行管理，各自行使不同的职责。美国转基因生物安全管理分为两个阶段：一是转基因生物研发，由国立卫生研究院依据《重组DNA分子研究准则》管理，二是转基因生物的释放和应用，由农业部、环保署和食药局根据《生物技术法规协调框架》负责管理。

农业部有两个机构涉及转基因生物安全管理，即动植物检疫局（APHIS）和兽医生物制品中心（CVB）。动植物检疫局主要负责评价转基因植物变成有害植物的可能性以及对农业和环境的安全性等。兽医生物制品中心主要负责转基因动物疫苗和动物用生物制剂的管理。

环保署主要对农药进行管理，负责农药对农业的影响，确定或免除农药在食品中最高残留量的管理。转基因植物被纳入生物农药范畴进行管理，目前环保署管理的转基因植物主要是植物内置杀虫剂。

食药局的职责是确保食品和食品添加剂的安全。在转基因生物安全管理方面主要负责转基因食品和食品添加剂以及转基因动物、饲料、兽药的安全性管理，确保转基因食品对人类健康的安全。

三、欧盟转基因生物安全管理机构

欧盟转基因生物安全以过程为基础进行管理。生物安全管理的决策权在欧盟委员会和部长级会议。日常管理由欧洲食品安全局（EFSA）及各成员国政府负责。EFSA负责开展转基因风险评估，独立地对直接或间接与食品安全有关的事务提出科学建议。EFSA内设4个部门，分别是管理委员会、执行主任及其工作组、顾问会议、科学委员会及8个专家小组。其中，执行主任是对外代表，顾问会议与科学委员会属于专家咨询机构，真正起核心作用的是管理委员会。

转基因生物在欧盟范围内开展环境释放主要由各成员国政府提出初步审查意见，EFSA组织专家进行风险评估，最后由欧盟委员会主管当局和部长级会议决策。转基因生物管理主要涉及部门如图 1.2所示。

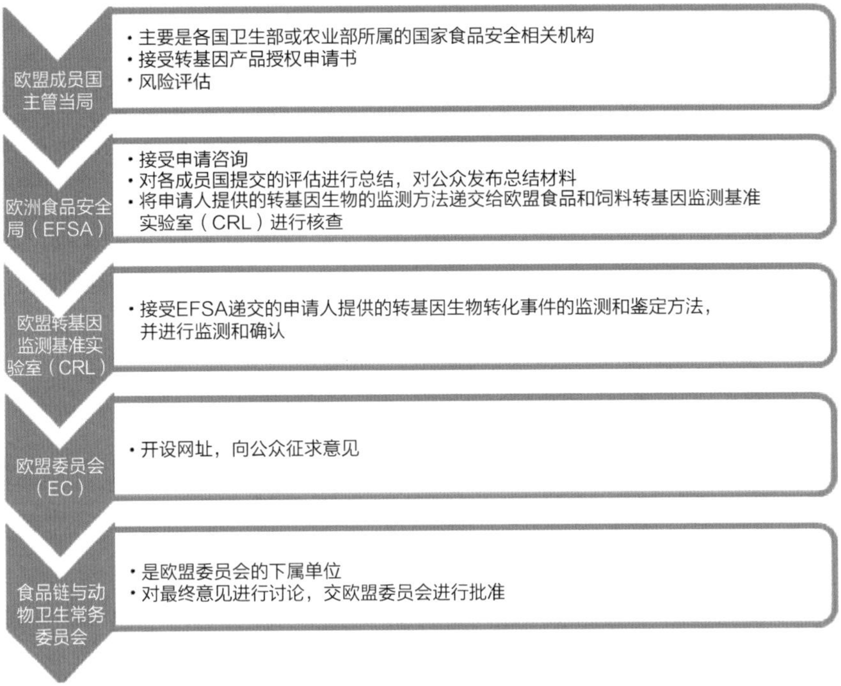

欧盟成员国主管当局
- 主要是各国卫生部或农业部所属的国家食品安全相关机构
- 接受转基因产品授权申请书
- 风险评估

欧洲食品安全局（EFSA）
- 接受申请咨询
- 对各成员国提交的评估进行总结，对公众发布总结材料
- 将申请人提供的转基因生物的监测方法递交给欧盟食品和饲料转基因监测基准实验室（CRL）进行核查

欧盟转基因监测基准实验室（CRL）
- 接受EFSA递交的申请人提供的转基因生物转化事件的监测和鉴定方法，并进行监测和确认

欧盟委员会（EC）
- 开设网址，向公众征求意见

食品链与动物卫生常务委员会
- 是欧盟委员会的下属单位
- 对最终意见进行讨论，交欧盟委员会进行批准

图 1.2　欧盟转基因管理部门和主要职责

四、澳大利亚转基因生物安全管理机构

澳大利亚的转基因生物安全管理体制主要由以下机构组成：基因技术部长理事会、基因技术执行长官、基因技术管理办公室。基因技术部长理事会是《基因技术政府间协议2001》中确立的，管理着基因技术执行长官的活动。基因技术执行长官由总督任命，享有充分的独立性。基因技术管理办公室下设在澳大利亚政府健康和老年部，专门组织对转基因监管，特别是对转基因产品的风险评定和风险管理等工作，其另一个职能是向社会公众发布有关受理转基因产品的申请、批准等相关信息。

澳大利亚对转基因生物按生物和产品两类管理。转基因生物的研究、试验、生产、加工和进口等活动，由基因技术管理办公室在基因技术执行长官的领导下管理。转基因产品根据用途由相关部门注册或管理，澳大利亚农药和兽药管理局、全国工业化学品通告和评价署、治疗产品管理局和澳新食品标准局分别负责源于转基因生物的化学农药和兽药、工业用化学品、治疗产品以及转基因食品注册或管理。

此外，澳大利亚于1994年成立了一个基因技术顾问委员会，隶属于工业技术学部，由生物学家、法律、伦理、生态环境学家以及社会公众代表组成，负责对基因技术的安全性及可能涉及的法律问题向政府提供咨询，同时制定有关安全标准并予以实施。

另外，其他职能机构和部门也参与国内转基因食品政策制定和管理：澳大利亚农林渔业部对澳新食品标准局组织的转基因食品的评定和商业批准以及相关的标识等问题进行评价。澳大利亚检验检疫局与澳新食品标准局对基因产品的进口贸易进行管理。另外，健康和老年部所属的治疗性商品管理局负责管理转基因产品在人类治疗方面的应用。

五、巴西转基因生物安全管理机构

巴西转基因生物安全管理机构包括国家生物安全理事会、国家生物安全技术委员会、政府相关部门等，2005年颁布的新的《生物安全法》对其构成、职责、任务和运转机制做出了明确的规定。

（一）国家生物安全理事会

新成立的国家生物安全理事会（CNBS）隶属于共和国总统办公室，作为共和国总统的高级辅助机构，制定和实施国家生物安全政策。CNBS的职责主要是以下3个方面。一是在国家层面上制定法规和指南，为联邦转基因生物安全行政管理部门提供工作依据；二是应国家转基因生物安全委员会的要求，分析转基因生物及产品商品应用的社会经济效益、机遇和国家利益；三是在尽可能参考国家转基因生物安全委员会意见基础上，征得联邦转基因生物安全行政管理部门支持，并在其能力许可范围之内，负责决定是否批准转基因生物及产品商品化应用。

（二）国家生物安全技术委员会

国家生物安全技术委员会（CTNBIO）为咨询审议综合性团体，隶属科技部，主要为联邦政府制定和实施国家转基因生物安全政策提供技术支持，在评价转基因生物及其产品对动植物健康、人类健康、环境风险的基础上，建立关于批准转基因生物和产品研究和商业化应用的安全技术准则。同时，CTNBIO还要追踪生物安全、生物技术、生物伦理学以及相关领域的发展和科技进展，以增加保护人类、动植物健康、环境的能力。

（三）政府相关部门

在卫生部、农业部、环境部、总统办公室水产养殖和渔业特别秘书处下属的行政管理及监测机构应与CTNBIO技术观点、CNBS规则及法律法规提供的机制保持一致，负有以下责任：①检验从事转基因生物（GMO）的研究性活动；②检测和管理用于商品化生产的GMO及其产品；③批准进口用作商品的GMO及其产品；④及时在生物信息系统刊登最新开展GMO及其产品活动、项目机构和个人的信息；⑤向公众提供注册和批准的信息；⑥加强法律惩罚力度；⑦辅助CTNBIO制定生物安全评价参数。

（四）研发单位内部生物安全委员会

任何使用基因工程技术的机构以及开展转基因生物及产品研究的单位，都应创建研发单位内部生物安全委员会（CIBIO）并指派一个主管技术员，他负责每一专门项目的安全管理工作，包括：①向本单位成员和工人讲解有关生物安全方面的注意事项，如易被感染的操作活动，哪些程序可能发生事故以及健康和安全事宜；②实施预防和监控措施，保证设备操作在CTNBIO限定的生物安全标准之下进行；③为CTNBIO提供所有涉及本单位GMO及其产品安全性评价、注册、审批的申请材料，以便相关机构分析、注册、批准；④持续记录每一GMO及其产品的活动和项目的个人监控结果；⑤向CTNBIO、审批机构、监测机构以及工会报告对接触人群的风险评估结果以及任何能导致生物技术样品扩散的意外事件和事故；⑥调查与GMO及其产品相关的事故和疾病，将结论和检测方法提供给CTNBIO。

六、阿根廷转基因生物安全管理机构

农牧渔业和食品秘书处（SAGPyA）是阿根廷生物技术及其产品的主管部门，也是转基因作物产业化的最终决策机构。其下设国家农业生物技术咨询委员会、全国农产品健康和质量行政部、国家种子研究所3个机构。此外，外部机构——国家农产品市场管理局和国家生物技术与健康咨询委员会也参与转基因作物产业化的监管。

国家农业生物技术咨询委员会（CONABIA）是一个多学科跨部门咨询机构，成立于1991年，主要负责转基因生物环境风险评估。其主要职责包括转基因生物实验室试验、温室试验、田间试验以及环境释放的审查，并为SAGPyA的决策提供建议。

全国农产品健康和质量行政部（SENASA）负责食品安全和质量、动物健康产品和农药的监管。为了使SENASA的决策更具科学性，根据SAGPyA第1265/99条例成立了转基因生物利用技术咨询委员会（TAC）。TAC是SENASA的一个外部、多学科咨询机构。SENASA还负责动植物检疫法规的实施。转基因生物在进口前，申请人必须向CONABIA提交申请，CONABIA在审批进口申请时，SENASA须为进口单位的转基因生物材料提供一个安全的临时性存放场所，负责材料的临时保管。

国家种子研究所（INASE）在转基因作物产业化后期发挥作用，主要负责种子的登记工作。根据品种的不同，转基因新品种的注册登记必须在不同的地点进行2～3年的田间对比试验，它们和杂交种等非转基因品种的登记程序是一样的，但是基于登记的需要，转基因作物的田间试验必须在通过环境安全评估后按照CONABIA规定的条件进行，并且可能重复一次。对比试验完成后，TAC将对试验的结果进行审查，并作出一个该品种是否构成新品种的决定。最终，在该品种获得商业化授权后由INASE进行登记注册。

国家农产品市场管理局（DNMA）在转基因作物产业化中起着非常重要的作用，主要负责评估转基因作物的产业化对阿根廷国际贸易可能产生的影响，下有市场管理局和国际事务管理局两个部门，前者负责通过CONABIA环境生物安全审批和SENASA食品生物安全审批之后的市场来源审查，后者主要处理与转基因国际贸易相关的事务。

国家生物技术与健康咨询委员会（CONBYSA），根据卫生部第413/93号决议，阿根廷成立了国家生物技术与健康咨询委员会。卫生部的一个隶属机构——国家药品、食品和医疗技术管理局（ANMAT），负责管理通过生物技术方法生产的药品和其他人体健康相关的产品，包括转基因产品，而CONBYSA为ANMAT提供支撑。

七、加拿大转基因生物安全管理机构

加拿大于1985年颁布了《食品和药品法》；1993年，制定了对生物技术产业的管理政策，规定政府要利用《食品和药品法》和管理机构对转基因农产品进行管理。加拿大的转基因生物安全管理体制采取的是多个机关联合管理的模式。主要管理机关及其职责如下。

加拿大卫生部（HC）依据《食品和药品法》和《新型食品法规》，负责转基因食品安全监督管理；依据《加拿大环境保护法》与环境部共同管理其他机关没有管理到的具有活性的转基因物质；负责检测适用于人类的生物技术提取的产品的安全性，这些产品包括食物、药物、化妆品、医疗器材和害虫防治的产品。害虫管制局（注：该机构隶属于卫生部）依据《害虫防治法》和《害虫防治法规》，负责转基因害虫的管理。

加拿大食品监督局（CFIA）依据《种子法》《饲料法》《植物保护法》《动物卫生法规》等法律以及其相关规章，负责转基因生物环境释放，转基因微生物、发酵产物和转基因植物，转基因植物进口，转基因有机肥料，转基因动物及生物体等的管理；负责检测植物、动物饲料、动物饲料成分、肥料和牲畜生物制剂的安全。

加拿大环境部（EC）依据《加拿大环境保护法》，与卫生部共同管理其他机关没有管理到的具有活性的转基因物质。

八、日本转基因生物安全管理机构

日本的转基因安全管理机构主要由文部科学省、厚生劳动省、农林水产省和通产省4个部门组成。4个主管部门分别制定了相关管理法规，规定安全性评价程序为：开发者先行评价，然后政府组织专家再进行审查。

（一）文部科学省

文部科学省负责审批转基因生物在研究与开发阶段的工作。1987年，颁布了《重组DNA实验指南》，负责审批试验阶段的重组DNA 研究。

（二）厚生劳动省

厚生劳动省是日本负责医疗卫生和社会保障的主要部门。按照日本《食品卫生法》，厚生劳动省负责食品安全和转基因标识。颁布了《食品和食品添加剂指南》和《利用重组DNA技术制造药品指南》。

（三）农林水产省

农林水产省主要管辖农业、畜产业、林业、水产业、食物安全等。按农产品标准化法、标识法和饲料安全法，农林水产省负责转基因饲料安全和转基因标识。转基因宣传活动也是由农林水产省直接进行或委托农林水产技术创新协会来承担。1992年，颁布了《农、林、渔及食品工业应用重组DNA准则》。

（四）通产省

日本对外贸易的管理工作由通产省主管。通产省不但制定对外贸易政策，而且还负责协调国内产业政策与对外贸易政策之间的关系。此外，通产省也负责生物技术的推广和应用。1986年，颁布《重组DNA 技术工业化指南》，规定了重组DNA技术在工业应用中的基本条件及要求。

九、韩国转基因生物安全管理机构

2001年，工商业与能源部发布《转基因生物越境转移法典》，明确了韩国转基因生物安全管理框架。由农林部、健康与福利部、科技部、海事与水产部、环境部、工商业与能源部等6 个部门管理。

农林部制定《与农业研究相关的转基因生物的测试和处理管理办法》《转基因农产品的环境风险评估指南》《转基因农产品和转基因食品的强制标识制度》等，由其下属的农村振兴厅负责转基因生物的环境风险评估，国家农产品质量管理局负责制定认证标准、实施审查认证以及事后跟踪管理。

健康与福利部制定《遗传重组试验管理办法》《转基因食品标识基准》《转基因食品和添加剂的风险评估资料的检查指导方针》，由其下属的食药厅负责食品、食品添加剂和药品的转基因安全评估与管理；科技部实施生物技术促进法及其相关条例；海事与水产部负责转基因水产品风险评估和标识制度管理；环境部负责监管用于环境净化的转基因生物安全；工商业与能源部负责制定生物技术发展规划及国际贸易政策。

十、印度转基因生物安全管理机构

印度负责转基因生物安全管理的机构主要是印度政府环境与林业部（MOEF）和生物技术部（DBT），具体由6家主管当局：重组DNA顾问委员会（RDAC）、公共生物安全委员会（IBSC）、基因操控审议委员会（RCGM）、基因工程审议委员会（GEAC）、国家生物技术协调委员会（SBCC）和地区性委员会（DLC）。

重组DNA顾问委员会（RDAC）是生物技术部下属的职能部门，依据科学信息，对生物技术部制定的DNA安全性指南进行修改和更新，并负责归纳、总结和制定转基因安全性管理措施。

公共生物安全委员会（IBSC）主要针对研究计划执行中可能出现的生物灾害制定应急计划，并在基因工程活动开展的地方对分类生物的基因工程操控提出建议，同时负责生物安全工作人员的培训及制定实验室工作人员的健康检查计划。

基因操控审议委员会（RCGM）是生物技术部下属的职能部门，负责审查所有已获得批准并正在执行的研究计划报告，包括风险性等级和控制的田间试验；负责定期对试验场所进行巡视，该场所正在执行可能产生生物灾害的计划，在研究计划执行前确保采取充分的安全性措施；负责给实验室工作、培训和研究所用的病原因子和病原载体、种质、细胞器官等的进出口发放通行证。

基因工程审议委员会（GEAC）是环境与林业部下属的职能部门，根据不同个案，从环境安全性的角度发放通行证。

国家生物技术协调委员会（SBCC）负责对违反法律的情况进行检查、调查并采取惩罚性行动；负责对各机构处理转基因生物/有害微生物的情况进行定期检查，检查其安全性措施和控制措施。

地区性委员会（DLC）负责监管转基因生物/有害微生物使用的相关安全

性法规的制定，以及监管转基因生物/有害微生物在环境中的应用。地区性委员会将定期向国家生物技术协调委员会和基因工程审议委员会提交报告。

第三节　相关国际组织

随着生物技术的飞速发展，转基因产品的不断出现，其安全性越来越受到广泛关注。为此，一些国际组织如联合国粮食及农业组织、世界卫生组织、国际食品法典委员会、经济合作与发展组织等多次组织国际会议，积极号召各个国家进行交流探讨，建立多数国家能够接受的统一的转基因生物安全评价和管理的方法和体系，以便在促进生物技术发展的同时，保障人类健康和环境安全。

一、联合国粮食及农业组织和世界卫生组织

联合国粮食及农业组织（FAO）作为联合国专门机构，以提高各国人民的营养水平和生活水准，提高所有粮食农产品生产和分配，改善农村人口生活状况、促进农村经济发展并最终消除饥饿和贫困为宗旨。工作的重点包括搜集、整理、分析和传播世界粮食生产和贸易信息，向成员国提供技术援助和政策咨询服务，加强世界粮食安全、促进环境保护和农业可持续发展。

世界卫生组织（WHO）是联合国系统内卫生问题的指导和协调机构，是国际上最大的政府间卫生组织，现有194个会员国，负责拟定全球卫生研究议程、制定规范和标准、向各国提供技术支持以及监测和评估卫生趋势。

从20世纪90年代开始，FAO和WHO就组织了一系列有关转基因食品安全性和营养的专家会议，通过讨论为成员国和国际食品法典委员会提供建议。相比国际食品法典委员会所订立的具体转基因食品安全性标准，FAO和WHO的贡献更多体现为系列研究报告以及对国际食品法典委员会工作的

评估和建议，从而间接影响成员国转基因食品安全性态度和国内立法，消除国家和地区间态度和立法差异。其报告观点主要包括以下内容。

（一）转基因食品基本安全，同时应加强监管

WHO在2005年报告中指出："现今国际市场上已经上市的转基因食品经过严格的风险评估，对人类健康的影响不大。转基因微生物和食品的潜在威胁应该在个案基础上进行考量，充分考虑不同品种对环境可能造成危害的差异性。"该研究报告表明了WHO对于转基因食品安全性的整体态度，既反对转基因食品危险性言论，又强调对其有效的风险控制，以个案为基础开展合理评估和应对，总体认为转基因食品是安全可信的。但转基因食品安全监管与一般传统食品安全监管既有共性也有其特殊性，但是毫无疑问的是，对其更高水平的监管必须建立在传统食品的有效监管体系之上。因此，为了促进食品安全信心交流以及国家及国际食品安全当局之间的合作，FAO和WHO联合建立了"国际食品安全当局网络（INFOSAN）"负责食品安全、人畜共患病和食源性疾病的监管和协调。

（二）转基因食品对维护粮食安全起到积极作用

FAO在2010年年度报告中指出："到2050年若要养活90亿人，粮食生产将必须实现70%的增幅，这意味着到2050年谷物和肉类的年产量应分别达到10亿吨和 2 亿吨的惊人增长水平。"而转基因食品能培育多抗、优质、高产、高效新品种，大大提高品种改良效率，并可降低农药、肥料投入，在缓解资源约束、保障粮食安全、保护生态环境、拓展农业功能等方面潜力巨大。因此，FAO和WHO对转基因食品的推广及维护世界粮食安全的作用是积极肯定的。

（三）应加强发展中国家转基因技术的能力和法制建设

在转基因食品领域，发展中国家在技术和立法层面相对落后，缺乏基

础设施、国家食品安全总体规划、国家食品安全立法和监管体系和食品监督服务体系等。除此之外，发展中国家还欠缺转基因食品技术研发和监管所必需的人力和财力。因此，WHO在充分认识发展中国家能力现状基础上，号召其他国际组织共同致力于提高发展中国家的研发实力，缩小与发达国家间的差距。

二、国际食品法典委员会

国际食品法典委员会（CAC）是FAO和WHO于1963年共同创立，以保障消费者的健康和确保食品贸易公平为宗旨的一个制定国际食品标准的政府间组织。目前，全球已经有包括中国在内的188个成员国和1个成员国组织（欧盟）加入CAC，覆盖了世界上99%的人口。CAC从20世纪初就开始关注转基因产品安全性问题及对消费者的影响，并致力于转基因食品国际标准的制定，出台的系列文件涉及转基因食品标签制度、风险评估和检测识别3个方面。

（一）转基因食品标签制度

CAC食品标签法典委员会（CCFL）的主要职责是起草适用于所有食品的标签规定，审议、修改并通过由各专业商品分委员会起草的标准、业务守则和标签规定草案。20世纪90年代，CCFL开展了有关转基因食品标签制度研讨和法规制定，其目的是要帮助成员国设立完善的转基因食品标签制度。2003年出台的《含有转基因成分食品和添加剂标签指导原则草案》规定“当含有转基因成分和添加剂食品在组成、营养价值或用途上与传统食品不一致或含有过敏源时都应标识。”

（二）转基因食品风险评估

CAC最早提出应用风险分析原则进行食品安全管理，1999年建立生物技术食品政府间特别工作组（TFFDB），在转基因领域制定风险分析原则和指南。TFFDB于2000年在日本召开了第一次会议，共有来自世界各国的227名代表参加，我国有8名代表参加。2000年，TFFDB发布了《关于转基因植物性食物的健康安全性问题》的文件。截至目前共制定转基因安全评价标准4个。

1.《现代生物技术食品的安全风险评估原则》（CAC/GL 44-2003）

该原则指出：现代生物技术食品的风险分析需遵循CAC风险分析工作原则。如果风险评估认定生物技术食品含有一种新的或变性的危害物或营养安全隐患，该风险将被进行特性研究以确定其与人类健康的关系。此外，此指南还对风险评估原则、风险管理原则、风险交流原则、方法的一致性原则、能力建设和信息交换及审查过程进行了详细的描述，以统一各国对转基因生物的安全评价与审查过程。

2.《重组DNA植物食品安全评价指南》（CAC/GL 45-2003）

该指南依据《现代生物技术食品的安全风险评估原则》（CAC/GL 44-2003）对重组DNA植物食品进行食用安全评价，主要是与传统对照物进行对比。由食品安全评价概述、安全评价通则及3个附件组成。食品安全评价概述部分重点讨论了实质等同原则的应用和非预期效应的考虑；安全评价通则部分介绍了评价的框架包括重组DNA植物的描述、受体植物及其食品用途、供体生物的描述、基因修饰的描述及特点、安全评价等。其中，安全评价包括表达产物毒性、过敏性评价、关键成分分析与代谢物评价、食品加工和营养修饰问题的考虑等；附件包括潜在过敏性评估、以增加营养为目的的转基因植物食用安全评估指南和食物中转基因产品低水平混杂的安全评估指南。

3.《重组DNA微生物食品安全评价指南》（CAC/GL 46-2003）

该指南依据《现代生物技术食品的安全风险评估原则》（CAC/GL 44-2003），讨论了经重组DNA微生物作用而生产的食品的安全和营养评价。重组DNA微生物食品的安全评价应参考拥有安全使用历史的传统对照物，不仅评估重组DNA微生物生产的食品，同时也评估微生物自身。

4.《重组DNA动物食品安全评价指南》（CAC/GL 68-2008）

该指南依据《现代生物技术食品的安全风险评估原则》（CAC/GL 44-2003）适用于重组DNA动物食品安全和营养方面的评价。该指南遵循以下原则：包括重组DNA动物食品安全和营养方面的评价应当与有安全使用历史的传统对照物相比较、考虑预期效应和非预期效应。其目的是确认与传统对照物相比，特定食品是否有新出现的或已改变的危害，而不是对其所有危害进行逐一鉴定。

（三）转基因食品检测识别

CAC还致力于生物技术食品及衍生品检测识别标准的制定。2000年3月， TFFBT专门建立了一个分析方法工作组（WGAM），编制了可用的转基因食品分析方法目录，用以检测或验证食品中的转基因成分，并陈述了每一种方法的执行准则和验证情况。在分析和抽样方法委员会第24次大会上，WGAM搜集了相关资料并针对转基因食品检测识别问题进行讨论，在会议最终文件附件中规定了转基因食品检测的指导原则、一般方法和具体建议。

三、经济合作与发展组织

经济合作与发展组织（OECD），简称经合组织，成立于1961年，是由30多个市场经济国家组成的政府间国际经济组织，旨在共同应对全球化带来的经济、社会和政府治理等方面的挑战，并把握全球化带来的机遇。OECD在统一转基因生物管理制度方面起着非常重要的作用。从1982年起OECD就开始讨论转基因生物技术问题，其出台了一系列有关生物技术的研究报告，并试图整合其成员国的立场和行动。1986年，OECD制定了全球第一个转基因技术安全管理的国际文件《重组DNA安全性考虑——用于工业、农业和环境的重组DNA生物安全性》。1993年成立转基因生物技术内部协调小组，专门统筹部门间工作进度，共同致力于转基因生物技术研究和制定相关政策。

（一）转基因食品安全评估和风险控制

1993年，OECD首次提出在转基因生物安全评价中采取的两个原则，一个是食品安全评价中采取的“实质等同原则”，另一个是在环境安全评价中采取“熟悉原则”。其后，又与其他国际组织一道提出了“个案分析原则”“循序渐进原则”“科学原则”。这些原则被国际社会广泛认可和采用。OECD负责转基因食品安全评估和风险控制的机构主要有两个：1995年成立的生物技术监管体系协调小组和1999年成立的新食品和饲料安全特别小组。应八国集团（G8）首脑要求，OECD秘书处开展了题为《生物技术和其他食品安全启示》研究，并向2000年日本冲绳G8峰会提交审议。该报告由上述两工作组完成，生物技术监管体系协调小组侧重转基因食品环境监测，新食品和饲料安全特别小组更为侧重转基因食品本身安全性。此后，OECD还召开了一系列会议专门研讨转基因食品安全评估和风险控制问题，如2001年7月，OECD在泰国首都曼谷召开“新生物技术食品和作物：科学、安全及社会”国际研讨会。2001年10月在美国又召开了“转基因生物和环境”国际会议。OECD主办的研讨会一直持续至今，议题每年有所更新。

（二）转基因信息搜集和共享

OECD负责建立成员国和部分非成员国转基因技术和食品信息数据库。

一方面可以及时掌握成员国国内转基因发展规模和水平，为科学决策提供合理依据；另一方面，通过数据共享节约了成本，成员国可以根据其提供的数据及时调整和制定本国转基因技术政策。至今，OECD已发布了多份重要数据调查报告，资料涉及成员国生物技术公司数量和规模、生物技术研发实力、财务和人员规模、服务部门转基因技术研发数量和规模、生物技术研发在不同部门的表现、生物技术对就业的贡献、生物技术公司的销售和盈利情况、生物技术专利申请和审批情况、生物技术在农业中的推广和应用、生物技术在医药领域适用情况、生物技术合作情况以及生物技术风险投资情况等。

（三）制定的共识文件

1995年6月，OECD生物技术法规监督协调工作组第一次会议，决定将工作重心放到环境安全评价的共识信息上，这些共识信息可普遍用于各国的环境安全评价，并鼓励各国间信息共享，以避免重复劳动。1995年以来，OECD研制出了一系列与转基因风险分析相关的共识文件，旨在强调各成员都认为与安全评价相关的关键或核心问题，共70多个。

四、国际标准化组织

国际标准化组织（ISO）是一个全球性的非政府组织，是国际标准化领域中一个十分重要的组织。ISO的任务是促进全球范围内的标准化及其有关活动，以利于国际间产品与服务的交流以及在知识、科学、技术和经济活动中发展国际间的相互合作。ISO成立至今，已覆盖163个国家成员体。我国自1978年加入ISO，从初期的学习到主动参与，2008年已成为ISO 6个常任理事国之一。作为常任理事国，中国在ISO组织发挥着越来越重要的作用。代表中国的组织为中国国家标准化管理委员会（SAC）。

ISO先后颁布了6个标准（图 1.3）。

（1）ISO 21569：2005 食品—转基因生物及其产品检测分析方法—核酸定性检测法。

（2）ISO 21570：2005食品—转基因生物及其产品检测分析方法—核酸定量检测法。

（3）ISO 21571：2004食品—转基因生物及其产品检测分析方法—核酸提取。

（4）ISO 21572：2004 食品—转基因生物及其产品检测分析方法—蛋白质检测方法。

（5）ISO 24276：2006 食品—转基因生物及其产品检测分析方法——一般要求和定义。

（6）ISO/TS 21098：2006食品—转基因生物及其产品分析用基于核酸的方法（为ISO 21569、ISO 21570或ISO 21571附加方法提供信息和过程）。

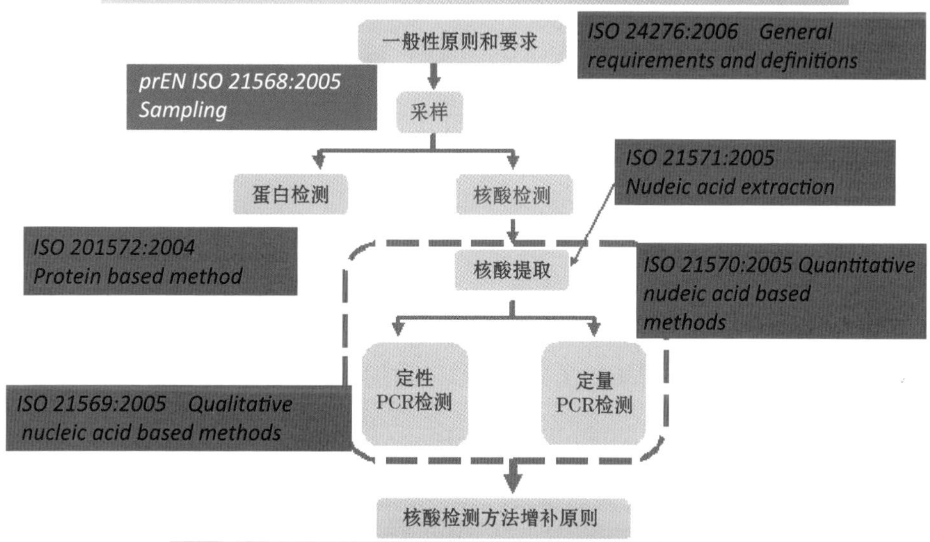

图 1.3　转基因产品成分检测ISO标准体系分析

五、世界贸易组织

世界贸易组织（WTO）成立于1995年1月1日，是目前世界上规范国际贸易行为，提供国际贸易问题谈判场所的最重要的国际经济组织，拥有164个成员，成员贸易总额达到全球的98%，有“经济联合国”之称。WTO的法律体系涵盖货物贸易、服务贸易、知识产权贸易等领域，涉及转基因产品的相关原则与规定主要如下。

（一）与转基因产品相关的WTO基本原则

1. 非歧视原则

主要包括3个方面：①相同产品和类似产品原则。在WTO中，相同产品和类似产品是根据最终用途划分的；而在转基因产品贸易中，要根据是否危害到人类、动植物健康或最终产品的性质等具体情况而定；②国民待遇原则。即本国转基因产品与外国同类转基因产品享受同等待遇；③最惠国待遇原则。对WTO所有成员的同类转基因产品给予同等待遇。

2. 透明度原则

各国应按规定及时告知各成员国，本国关于转基因产品的贸易政策、法规及其变更情况，并提供相应信息。

（二）与转基因产品相关的WTO多边协议

一是《技术性贸易壁垒协议》（TBT协议）。TBT协议包括相关的法律、法规和程序以及最终产品标准、生产和加工方法等。TBT协议中对转基因产品贸易影响最大的是标签要求，规定产品标签不能损害消费者从标签上获得的权益，即TBT协议允许各国政府用要求加贴标签的方式保护人类和环境安全。

二是《实施动植物卫生检疫措施协议》（SPS协议）。SPS协议中与转基因产品密切相关的内容是“保护成员领土的人类和动植物的生命或健康，免受食品、饮料或饲料中的添加剂、污染物、毒素或致病有机体所产生的危险”。如果转基因产品的生产和加工程序影响了食品安全、威胁人类或动植物健康时，成员国可援引SPS协议禁止产品的进口。

六、联合国环境规划署

联合国环境规划署（UNEP）成立于1972年，总部设在肯尼亚首都内罗毕，是全球仅有的两个将总部设在发展中国家的联合国机构之一。到2009年，已有100多个国家参加其活动。在国际社会和各国政府对全球环境状况及世界可持续发展前景愈加深切关注的21世纪，环境署越来越受到高度重视，并且正在发挥着不可替代的关键作用。

在转基因生物安全方面，UNEP组织了一系列的国际会议，旨在世界范围内推动生物技术安全使用准则的制订工作。UNEP 在讨论21世纪议程的同时，为了公正、客观地实施生物安全议定书，根据旨在推动国际生物安全性工作的18/36B决议，于1995年制订了UNEP生物技术安全性国际技术准则。技术准则分别就转基因生物安全性的一般原则、风险的评价与管理、国家及地区安全管理机构和能力建设等5个方面提出了具体的行动指南。准则的制订，为各国政府、国家间组织、私人团体以及其他国际组织在建立和实施生物技术安全性评价国家能力，推动合作和信息交换等方面提供了参照依据。

第二章 转基因法律法规

第一节 首部转基因法规

美国在生物技术研究领域一直处于世界先进水平，同时也是最早开展生物安全研究和立法的国家。世界上首部关于转基因生物安全管理的技术法规——《重组DNA分子研究准则》，是由美国国立卫生研究院在1976年制定的，该准则在美国的转基因生物研究与监督管理方面发挥了重要作用，为各国后续的转基因生物安全法律法规体系的形成奠定了基础。

一、首部转基因法规诞生背景

20世纪60年代末，斯坦福大学诺贝尔奖获得者生物化学教授保罗·伯格（Paul Berg）在对猿猴病毒SV40的研究中，使用连接酶将两段来源不同的DNA连接到一起，获得了世界上第一例重组DNA。保罗·伯格开创了转基因生物技术研究的先河，同时引发了对生物安全问题的关注。1975年2月24～27日，来自全球12个国家的140余名科学家、政府官员、法律专家和记者在美国加利福尼亚举行了著名的阿西洛马（Asilomar）会议。经会议充分讨论，科学家们达成《阿西洛马会议建议书》，确立了关于重组DNA技术的基本策略，包括认可其对于生命科学的意义，正视其潜在的生物安全风险，在保证安全的前提下鼓励继续研究。阿西洛马会议是世界第一次大范围深入讨论转基因生物安全性的正式会议，具有里程碑式的意义。基于《阿西洛马会议建议书》，美国国立卫生研究院于1976年颁布《重组DNA分子研究准则》，成为首部转基因生物技术安全管理法规。

二、首部转基因法规的内容

《重组DNA分子研究准则》是对转基因生物技术及制品进行建构和操作实践的详细说明，包括了一系列安全措施。准则还设立了重组DNA咨询委员会、DNA活动办公室和生物安全委员会等机构，负责为重组DNA活动提供咨询服务，确定重组DNA试验的安全级别并监督安全措施的实施。准则将重组DNA试验按照潜在危险性程度分为4个级别。

（1）危险性最大的重组DNA试验在开始前就须经重组DNA咨询委员会进行特别评估，并由生物安全委员会、项目负责人和国立卫生研究院批准。

（2）危险性较大的重组DNA试验批准程序虽不如前者复杂，但也须经生物安全委员会批准。

（3）危险性较小的试验无需批准，仅在开始时向生物安全委员会通报即可。

（4）不会对人体健康和生态环境造成损害的重组DNA试验，无须批准或通报，免受准则的约束。

另外，准则还规定了转基因生物制品运输和转移的条件和程序，在条件不成熟、程序不合法的情况下禁止其在研究机构间转移。

三、首部转基因法规的影响

该准则颁布后，对美国的转基因生物研究与监督管理发挥了重要作用，成为了美国研究机构和企业进行重组DNA试验的行动指南。由于当时对这一新技术的利弊影响存在着较大的分歧，对此项技术可能导致的风险估计过于严重，因而对该技术有很多很严格的限制。之后曾对该准则多次进行修改，原有限制性条款的85%被放宽或简化了。但是，美国基因工程农产品的商品化仍然必须经过农业部、环保署和食药局的层层严格审批。之后联邦德国、法国、英国等30多个国家相继制定了同类准则，其中大多数国家以美国的《重组DNA分子研究准则》为蓝本，该准则成为了各国转基因生物安全法律法规体系的基础。

第二节 中国转基因相关法律法规

我们国家对转基因的方针是一贯的、明确的，就是研究上要大胆，坚持自主创新；推广应用上要慎重，确保安全；管理上要严格，要严格依法监管。目前，我国也借鉴了美国、欧盟等先进国家组织的一些做法，结合我国国情，制定了《农业转基因生物安全管理条例》《农业转基因生物安全评价管理办法》《农业转基因生物进口安全管理办法》《农业转基因生物标识管理办法》《农业转基因生物加工审批办法》《进出境转基因产品检验检疫管理办法》等一系列的法律法规、技术规则和管理体系，为我国转基因安全管理提供法律依据。

一、国务院颁布的涉及转基因管理的相关法规

（1）为适应新时期转基因管理的需求，加强农业转基因生物安全管理，保障人体健康和动植物、微生物安全，保护生态环境，促进农业转基因生物技术研究，2001年5月23日国务院制定了《农业转基因生物安全管理条例》（国务院令第304号），并于2010年12月29日根据《国务院关于废止和修改部分行政法规的决定》（国务院令第588号）进行修订，于2017年10月7日根据《国务院关于修改部分行政法规的决定》（国务院令第687号）再次修订，这是我国一系列法律法规、技术规则和管理体系的根本依据。

（2）为更好解决涉及农业转基因生物安全管理工作中的重大问题，国务院办公厅于2007年10月12日颁布了《农业转基因生物安全管理部际联席会议制度》，确定了由12个部门的负责人组成农业转基因生物安全管理部际联席会议，负责研究和协调农业转基因生物安全管理工作中的重大问题，同时该制度明确了工作规则和工作要求。

二、科学技术部颁布的涉及转基因管理的相关法规

为了促进我国生物技术的研究与开发，加强基因工程工作的安全管理，保障公众和基因工程工作人员的健康，防止环境污染，维护生态平衡，1993年12月24日，国家科学技术委员会（以下简称国家科委）制定了《基因工程安全管理办法》（国家科学技术委员会令第17号）。

三、农业部颁布的涉及转基因管理的相关法规

（1）为了促进我国农业生物基因工程领域的研究与开发，加强安全管理，防止遗传工程体及其产品对人类健康、人类赖以生存的环境和农业

生态平衡可能造成的危害，根据国家科委发布的《基因工程安全管理办法》，随着技术不断发展，1996年7月10日，农业部发布了《农业生物基因工程安全管理实施办法（修正）》（农业部令第39号），明确从事基因工程工作的人员必须对基因操作进行准确评价，包括：转基因方法、载体的特性、基因的来源、功能、表达及稳定性。已于2002年废止。

（2）为了加强农业转基因生物安全评价管理，保障人类健康和动植物、微生物安全，保护生态环境，根据《农业转基因生物安全管理条例》的有关规定，2002年1月5日农业部颁布《农业转基因生物安全评价管理办法》（农业部令第8号），并于2004年7月1日第一次修订（农业部令第38号），2016年7月25日再次修订（农业部令第7号），2017年11月30日第三次修订（农业部令第8号）。该办法评价的是农业转基因生物对人类、动植物、微生物和生态环境构成的危险或者潜在的风险。安全评价工作按照植物、动物、微生物3个类别以科学为依据，以个案审查为原则，实行分级分阶段管理。

（3）为了加强对农业转基因生物进口的安全管理，根据《农业转基因生物安全管理条例》的有关规定，2002年1月5日农业部颁布《农业转基因生物进口安全管理办法》（农业部令第9号），2004年7月1日修订（农业部令第38号），2017年11月30日再次修订（农业部令第8号）。适用于在中华人民共和国境内从事农业转基因生物进口活动的安全管理。

（4）为了加强对农业转基因生物的标识管理，规范农业转基因生物的销售行为，引导农业转基因生物的生产和消费，保护消费者的知情权，根据《农业转基因生物安全管理条例》的有关规定，2002年1月5日农业部颁布《农业转基因生物标识管理办法》（农业部令第10号），2004年7月1日修订（农业部令第38号），2017年11月30日再次修订（农业部令第8号）。实施标识管理的农业转基因生物目录，由国务院农业行政主管部门商国务院有关部门制定、调整和公布。凡是列入标识管理目录并用于销售的农业转基因生物，应当进行标识；未标识和不按规定标识的，不得进口或销售。

（5）为了加强农业转基因生物加工审批管理，根据《农业转基因生物安全管理条例》的有关规定，2006年1月27日农业部颁布《农业转基因生物加工审批办法》（农业部令第59号）。该办法所称农业转基因生物加工，是指以具有活性的农业转基因生物为原料，生产农业转基因生物产品的活动。凡在中华人民共和国境内从事农业转基因生物加工的单位和个人，应当取得加工所在地省级人民政府农业行政主管部门颁发的《农业转基因生物加工许可证》（以下简称《加工许可证》）。

四、国家卫生和计划生育委员会颁布的涉及转基因管理的相关法规

为加强对转基因食品的监督管理，保障消费者的健康权和知情权，根据《中华人民共和国食品卫生法》（中华人民共和国主席令第五十九号）和《农业转基因生物安全管理条例》，卫生部制定了《转基因食品卫生管理办法》（卫生部令第28号），于2002年7月1日起施行。随着时代发展的需要，为进一步加强对新资源食品的监督管理，保障消费者身体健康，根据《中华人民共和国食品卫生法》，2006年12月26日经卫生部部务会议讨论通过《新资源食品管理办法》（卫生部令第56号），于2007年12月1日起施行。其中，“第二十七条 转基因食品和食品添加剂的管理依照国家有关法规执行”，同时废止《转基因食品卫生管理办法》。2013年5月31日，国家卫生和计划生育委员会令第1号公布《新食品原料安全性审查管理办法》（以下简称《办法》）。该《办法》第二十四条决定，废止原卫生部2007年12月1日公布的《新资源食品管理办法》。

五、国家质量监督检验检疫总局颁布的涉及转基因管理的相关法规

为加强进出境转基因产品检验检疫管理，保障人体健康和动植物、

微生物安全，保护生态环境，根据《中华人民共和国进出口商品检验法》（中华人民共和国主席令第十四号）《中华人民共和国食品卫生法》《中华人民共和国进出境动植物检疫法》（中华人民共和国主席令第五十三号）及其实施条例《农业转基因生物安全管理条例》等法律法规的规定，2001年9月5日，国家质量监督检验检疫总局局务会议审议通过，2004年5月24日起施行《进出境转基因产品检验检疫管理办法》（质检总局〔2004〕第62号令），该办法适用于对通过各种方式（包括贸易、来料加工、邮寄、携带、生产、代繁、科研、交换、展览、援助、赠送以及其他方式）进出境的转基因产品的检验检疫。

六、国家林业局颁布的涉及转基因管理的相关法规

为了规范林木转基因工程活动审批行为，根据《中华人民共和国行政许可法》（中华人民共和国主席令第七号）《国务院对确需保留的行政审批项目设定行政许可的决定》（国务院令第412号）和国家有关规定，2006年7月1日起施行《开展林木转基因工程活动审批管理办法》（国家林业局令第20号），该办法是对林木转基因工程活动，包括转基因林木的研究、试验、生产、经营和进出口活动进行规范管理的依据。

七、国家烟草专卖局颁布的涉及转基因管理的相关法规

为了促进我国烟草基因工程领域的研究与开发，加强安全管理，根据国家科委发布的《基因工程安全管理办法》和农业部发布的《农业生物基因工程安全管理实施办法》，国家烟草专卖局1998年3月26日制定发布了《烟草基因工程研究及其应用管理办法》（国烟法〔1998〕168号）。该办法规定凡在中国境内进行烟草基因工程研究、田间试验及推广应用的，按本办法的规定执行。外国研制的烟草基因工程及其产品拟在中国境内进行

田间试验、推广应用的，必须持有该国允许进行同类工作的证书，方可按本办法所规定的程序进行申请，否则不予受理。国家烟草专卖局设立烟草基因工程管理委员会，负责对我国烟草基因工程的研究及其产品的田间试验、示范及推广应用的管理。

八、其他法律法规中涉及转基因管理的相关条文

（一）《中华人民共和国种子法》

2000年7月8日通过的《中华人民共和国种子法》（中华人民共和国主席令第三十四号）第十四条对转基因品种的选育、试验、审定和推广作出如下规定：转基因植物品种的选育、试验、审定和推广应当进行安全性评价，并采取严格的安全控制措施。具体办法由国务院规定。第三十五条对转基因种子销售标注作出如下规定：销售转基因植物品种种子的，必须用明显的文字标注，并应当提示使用时的安全控制措施。第五十条对引进转基因植物品种作出如下规定：从境外引进农作物、林木种子的审定权限，农作物、林木种子的进口审批办法，引进转基因植物品种的管理办法，由国务院规定。2004年8月28日及2013年6月29日对《中华人民共和国种子法》进行的两次修订均未对转基因品种相关条款做出相关修订。2015年11月4日第十二届全国人民代表大会常务委员会第十七次会议修订中，对转基因品种的选育、试验、审定和推广作出了修订，并改为总则第七条，具体规定如下：转基因植物品种的选育、试验、审定和推广应当进行安全性评价，并采取严格的安全控制措施。国务院农业、林业主管部门应当加强跟踪监管并及时公告有关转基因植物品种审定和推广的信息。具体办法由国务院规定。其他关于涉及转基因品种的条款未作修订。

（二）《中华人民共和国畜牧法》

2005年12月29日通过的《中华人民共和国畜牧法》（中华人民共和国

主席令第四十五号）中，第二十条对转基因畜禽品种的培育、试验、审定和推广作出如下规定：转基因畜禽品种的培育、试验、审定和推广，应当符合国家有关农业转基因生物管理的规定。

（三）《中华人民共和国农产品质量安全法》

2006年4月29日通过的《中华人民共和国农产品质量安全法》（中华人民共和国主席令第四十九号）第三十条对农业转基因生物农产品的标识作出如下规定：属于农业转基因生物的农产品，应当按照农业转基因生物安全管理的有关规定进行标识。

（四）《中华人民共和国食品安全法》

2009年2月28日发布的《中华人民共和国食品安全法》（中国人民共和国主席令第九号）第一百零一条对转基因食品作出如下规定：乳品、转基因食品、生猪屠宰、酒类和食盐的食品安全管理，适用本法；法律、行政法规另有规定的，依照其规定。《中华人民共和国食品安全法》于2015年4月24日修订，第六十九条对转基因标示作出如下规定：生产经营转基因食品应当按照规定显著标示。第一百二十五条对生产经营转基因食品未按规定进行标示的处罚作出规定：由县级以上人民政府食品药品监督管理部门没收违法所得和违法生产经营的食品、食品添加剂，并可以没收用于违法生产经营的工具、设备、原料等物品；违法生产经营的食品、食品添加剂货值金额不足一万元的，并处五千元以上五万元以下罚款；货值金额一万元以上的，并处货值金额五倍以上十倍以下罚款；情节严重的，责令停产停业，直至吊销许可证。第一百五十一条中提到：转基因食品和食盐的食品安全管理，本法未作规定的，适用其他法律、行政法规的规定。

（五）《农药管理条例实施办法》

为了保证《农药管理条例》（国务院令第216号）（以下简称《条

例》）的贯彻实施，加强对农药登记、经营和使用的监督管理，促进农药工业技术进步，保证农业生产的稳定发展，保护生态环境，保障人畜安全，根据《条例》的有关规定，1999年4月27日农业部令第20号颁布《农药管理条例实施办法》，其第四十五条对《条例》所称农药进行解释，其中第四项作出如下规定：利用基因工程技术引入抗病、虫、草害的外源基因改变基因组构成的农业生物，适用《条例》和本《实施办法》。2002年7月27日农业部令第18号修订将该条款调整为第四十三条，未对条款内容进行修订，2004年7月1日农业部令第38号修订将该条款调整为第四十四条，2007年12月8日农业部令第9号修订未对其进行修订。

（六）《兽药注册办法》

为保证兽药安全、有效和质量可控，规范兽药注册行为，根据《兽药管理条例》（国务院令第404号），2004年11月15日经农业部第33次常务会议审议通过《兽药注册办法》（农业部令第44号），其第七条规定了4种不予受理的新兽药注册申请，第二项具体规定如下：经基因工程技术获得，未通过生物安全评价的灭活疫苗，诊断制品之外的兽药。

（七）《出入境人员携带物检疫管理办法》

为了防止人类传染病及其医学媒介生物、动物传染病、寄生虫病和植物危险性病、虫、杂草以及其他有害生物经国境传入、传出，保护人体健康和农、林、牧、渔业以及环境安全，2012年6月27日国家质量监督检验检疫总局局务会议审议通过《出入境人员携带物检疫管理办法》（国家质量监督检验检疫总局令第146号），其第十八条对携带农业转基因生物入境作出如下规定：携带农业转基因生物入境的，携带人应当向检验检疫机构提供《农业转基因生物安全证书》和输出国家或者地区官方机构出具的检疫证书。列入农业转基因生物标识目录的进境转基因生物，应当按照规定进行标识，携带人还应当提供国务院农业行政主管部门出具的农业转基因生物标识审查认可批准文件。第三十条第二款对携带农业转基因生物入境，不能提供农业转基因生物安全证书和相关批准文件的情况作出如下规定：携带农业转基因生物入境，不能提供农业转基因生物安全证书和相关批准文件的，或者携带物与证书、批准文件不符的，作限期退回或者销毁处理。进口农业转基因生物未按照规定标识的，重新标识后方可入境。

（八）《主要农作物品种审定办法》

为科学、公正、及时地审定主要农作物品种，农业部于2013年12月27日发布《主要农作物品种审定办法》（农业部令2013年第4号），第十一条对从境外引进的农作物品种和转基因农作物品种作出如下规定：稻、小麦、玉米、棉花、大豆以及农业部确定的主要农作物品种实行国家或省级审定，申请者可以申请国家审定或省级审定，也可以同时申请国家审定和省级审定，也可以同时向几个省（自治区、市）申请审定。省级农业行政主管部门确定的主要农作物品种实行省级审定。从境外引进的农作物品种和转基因农作物品种的审定权限按国务院有关规定执行；第十三条对转基因品种的申请书内容作出如下规定：申请品种审定的，应当向品种审定委员会办公室提交申请书。申请书包括以下内容：转基因品种还应当提供在试验区域内的安全性评价批准书。在完成品种试验提交审定前，还应提供安全评估报告。

（九）《农作物种子生产经营许可管理办法》

为加强农作物种子生产经营许可管理，规范农作物种子生产经营秩序，农业部于2016年7月8日发布《农作物种子生产经营许可管理办法》（农业部令2016年第5号），对转基因农作物种子生产、经营许可作出如下规定：转基因农作物种子生产、经营许可规定，由农业部另行制定。

（十）《中华人民共和国畜禽遗传资源进出境和对外合作研究利用审批办法》

2008年8月20日，国务院第23次常务会议通过《中华人民共和国畜禽遗传资源进出境和对外合作研究利用审批办法》（国务院令第533号）。其第四条作出规定，从境外引进畜禽遗传资源需具备的条件之一：符合进出境动植物检疫和农业转基因生物安全的有关规定，不对境内畜禽遗传资源和生态环境安全构成威胁。

（十一）《水生生物增殖放流管理规定》

2009年3月20日，农业部第4次常务会议审议通过《水生生物增殖放流管理规定》（农业部令第20号）。其第十条对增殖放流的亲体作出如下规定：用于增殖放流的亲体、苗种等水生生物应当是本地种。苗种应当是本地种的原种或者子一代，确需放流其他苗种的，应当通过省级以上渔业行政主管部门组织的专家论证。禁止使用外来种、杂交种、转基因种以及其他不符合生态要求的水生生物物种进行增殖放流。

（十二）《农业植物品种命名规定》

根据《中华人民共和国种子法》（中华人民共和国主席令第三十四号）《中华人民共和国植物新品种保护条例》（国务院令第213号）和《农业转基因生物安全管理条例》，2012年3月14日公布的《农业植物品种命名规定》（农业部令2012年第2号）第二条规定：申请农作物品种审定、农业植物新品种权和农业转基因生物安全评价的农业植物品种及其直接应用的亲本的命名，应当遵守本规定。第六条对品种名称的一致性作出如下规定：申请人应当书面保证所申请品种名称在农作物品种审定、农业植物新品种权和农业转基因生物安全评价中的一致性。第十五条对农业转基因生物安全评价的农业植物品种的公示期作出如下规定：申请农作物品种审定、农业植物新品种权和农业转基因生物安全评价的农业植物品种，在公告前应当在农业部网站公示，公示期为15个工作日。省级审定的农作物品种在公告前，应当由省级人民政府农业行政主管部门将品种名称等信息报农业部公示。第十八条对农业转基因生物安全评价过程中品种名称问题作出如下规定并规定了惩罚措施：申请人以同一品种申请农作物品种审定、农业植物新品种权和农业转基因生物安全评价过程中，通过欺骗、贿赂等不正当手段获取多个品种名称的，除由审批机关撤销相应的农作物品种审定、农业植物新品种权、农业转基因生物安全评价证书外，三年内不再受理该申请人相应申请。

第三节 国外现行转基因生物安全管理法规

一、美国转基因生物安全管理法规

1976年，美国颁布了由美国国立卫生研究院制定的《重组DNA分子研究准则》。1986年6月，白宫科技政策办公室正式颁布了《生物技术法规协调框架》，形成了转基因监管的基本框架。

转基因生物管理由美国农业部、环保署、食药局共同负责，主要基于现行法规。农业部主要职责是监管转基因植物的种植、进口以及运输，主要依据是2000年的《植物保护法案》。该法案整合了以前的《联邦植物害虫法案》《有害杂草法案》和《植物检疫法案》。环保署的监管内容主要是转基因作物的杀虫特性及其对环境和人的影响，根据《联邦杀虫剂、杀真菌剂、杀啮齿动物药物法案》监管。环保署监管的并不是作物本身，而是转基因作物中含有的杀虫和杀菌等农药性质的成分。食药局负责监管转基因生物制品在食品、饲料以及医药等中的安全性，主要法律依据是《联邦食品、药品与化妆品法》。各部门的管理范围由转基因产品最终用途而定，一个产品可能涉及多个部门的管理，各部门也建立了相应的管理条例、规则。

2002年8月，美国公布了联邦法案67 FR 50578，旨在减少转基因作物在田间试验过程中，外源基因和转基因产品对种子、食品和饲料的混杂。法案制定的原则：一是转基因植物田间试验的控制措施应当与转入蛋白和性状所带来的对环境、人体和动物的风险一致；二是如果转入性状或蛋白存在不可接受或不能确定的风险，田间试验应当严格控制杂交、种子混杂的发生，以及外源基因及其产物在任何水平对种子、食品和饲料的混杂；三是即使转入性状或蛋白不存在对环境或人类健康不可接受的风险，田间试验也应尽量减少杂交和种子混杂的发生，但外源基因及其产物可以在法规允许的阈值下，低水平存在于种子、食品和饲料中。

2016年，美国通过了《国家生物工程食品信息披露标准》，将于2018年7月29日正式生效。标准统一了转基因食品标识方法，避免各州各自为政、部分州与联邦对立的局面，减少州际食品生产和交易的成本。在要求统一披露的同时，也为经营者提供了多种信息披露的方式。

二、欧盟转基因生物安全管理法规

欧盟对于转基因生物管理设立了多个专项法规，其成员国按照欧盟委员会制定并颁布统一的法律和指令，对转基因生物及其产品实施管理。

1990年，欧盟颁布了《关于限制使用转基因微生物的条例》（90/219/EEC），并颁布了两个配套法规《转基因微生物隔离使用指令》（98/81/EC）和《关于从事基因工程工作人员劳动保护的规定》（90/679/EEC和93/88/EEC），同时颁布《关于人为向环境释放（包括投放市场）转基因生物的指令》（90/220/EEC）。1997年6月，97/35/EC号指令修订了90/220/EEC号指令。

1997年1月，欧盟制定并颁布了《关于新食品和新食品成分的管理条例》（97/258/EEC），对转基因生物和含有转基因生物成分的食品进行评估和标识管理。以后又相继出台了《关于转基因食品强制性标签说明的条例》（1139/98/EC）《关于转基因食品强制性标签说明的条例的修订条例》（49/2000/EC）和《关于含有转基因产品或含有由转基因产品加工的食品添加剂或调味剂的食品和食品成分实施标签制的管理条例》（50/2000/EC）等3个补充规定。但97/258/EEC条例中对转基因生物制成的饲料并未作出规定，因此，目前欧洲对转基因饲料并未实施追踪和标识。

21世纪以来，欧洲议会和欧盟理事会根据转基因生物技术的发展情况，修订、新拟了一些转基因生物安全管理的法规。欧洲议会和欧盟委员会2001年3月12日发布的2001/18号指令涉及了有意释放转基因生物进入环境内容，同时废除90/220号指令。2002年1月28日发布的178/2002号法规，列出了食品法律的一般原则和要求，建立了欧洲食品安全局（EFSA），并规定了食品安全事宜的程序。2003年7月15日颁布的1946/2003号条例涉及了转基因生物的越境转移内容。2003年9月22日发布的1829/2003号法规涉及了转基因食品和饲料内容。2003年9月22日发布的1830/2003号法规，提及转基因生物可追溯性和标签、由转基因生物生产的食品和饲料产品的可追溯性，修订了2001/18号指令。2004年4月29日发布的882/2004号是为确保遵守饲料食品法律、动物健康和动物福利规则而开展的官方控制的法规。2009年5月6日发布的2009/41号，是有关转基因微生物封闭使用的指令。欧盟委员会2004年4月6日颁布了641/2004/EC条例，该条例是为执行欧洲议会和理事会1829/2003号条例而制定的实施细则。2015年，欧洲议会和欧洲理事会发布的2015/412号指令，对2001/18号指令进行一些修订，允许成员国自行决定是否在本国区域内种植转基因植物。

三、澳大利亚转基因生物安全管理法规

在澳大利亚，基因技术管理办公室负责监管转基因生物的相关工作，

包括实验室研究、田间试验、商业化种植以及饲用批准。食品标准局负责对利用转基因产品加工的食品进行上市前必要的安全评价工作，并设定食品安全标准和标识要求。

基因技术管理办公室管理依据为2001年6月21日实施的《基因技术法案》（2000），其目的是“通过鉴定基因技术产品是否带来或引起风险，以及对特定的转基因生物操作进行监管来管理这些风险，进而保护人民的健康和安全，保护环境”。《基因技术法规》（2001）、澳大利亚政府和各州各地区间的《基因技术政府间协议2001》以及各州各地区的相应立法，进一步支持《基因技术法案》的实施。

根据《基因技术法案》的规定，转基因生物试验，研制、生产、制造、加工，转基因生物育种、繁殖，在非转基因产品生产过程中使用转基因生物，种植、养殖或组织培养转基因生物；进口、运输、处置转基因生物等活动均适用于该法。分为以下几种类型管理：第一种类型是免于管制活动；第二种类型是显著低风险的活动；第三种类型是无意释放到环境中去的活动；第四种类型是有意释放到环境中去的活动；第五种类型是转基因生物注册；第六种类型是无意活动；第七种类型是应急活动。

对于需要获得许可证的转基因生物相关管理工作，是根据《基因技术法案》《基因技术管理条例》以及州/特区政府相关立法中规定的关于许可证申请的监管评估要求进行的。每个许可证申请中的风险评估和风险管理计划是决定是否签发许可证的基础。

根据澳大利亚/新西兰《食品标准法典》条款1.5.2规定，要求对来源于转基因植物、动物和微生物的食品进行监管。食品标准局代表澳大利亚联邦政府、州/特区政府和新西兰政府开展转基因食品的安全评价。该条款对转基因食品的标识进行了规定，规定于2001年12月开始实施。

四、巴西转基因生物安全管理法规

巴西转基因生物安全管理法规体系由法律、法令和部门制定法构成。1995年1月5日，巴西公布第一个关于转基因的法律——第8974号法，规定了基因工程技术的使用以及基因工程生物释放到环境的要求，同时赋予国家生物技术安全委员会执行权力。

巴西参议院2004年12月21日批准了允许2004/2005年度种植转基因大豆的第223号临时法令。2005年3月24日，巴西颁布了新的生物安全法——第11105号法。新的生物安全法包括42个条款，在制度上建立了国家生物安全理事会，重组了国家生物技术安全委员会，建立国家生物安全政策，规定了管理和检验机构、内部生物安全委员会制度、内部生物安全委员会和公民及行政管理职责。按照新生物安全法，在巴西境内从事转基因生物及其产品的研究、试验、生产、加工、运输、储藏、经营、进出口活动都应当遵守法规的规定。新生物安全法中，对违法行为的处罚十分严厉，分为行政处罚和刑事处罚两种。

2005年11月22颁布了新的法令，即第5591号法令，它是第11105号法的实施条例。国家生物技术安全委员会根据新法律、新法令，2006—2008年共制定和颁布了6件标准决议。2006年6月20日公布第1号规范决议，2006年11月27日公布第2号规范决议，2007年8月16日公布第3号规范决议和第4号规范决议，2008年3月12日公布第5号规范决议，2008年11月6号公布第6号规范决议。国家生物安全理事会发布了4个政策性文件，2008年1月29号公布理事会第1号决议，2008年3月5日公布理事会第2号决议和理事会第3号决议，2008年7月31日公布理事会第4号决议。

2003年，巴西司法部发布了第2658号行政条例，建立了食品标识体系，规定食用或饲料用食品或食品成分若含有超过1%的转基因生物或其副产品，必须在商标上注明相关信息。

五、阿根廷转基因生物安全管理法规

阿根廷从1991年开始对转基因生物活动进行监管。阿根廷第124/91号决议，成立了国家农业生物技术咨询委员会，确定国家农业生物技术咨询委员会的管辖范围和程序。第328/97号决议规定国家农业生物技术咨询委员会的成员资格。18284法案是阿根廷食品法典。第289/97号决议确定国家食品安全与质量服务局对转基因食品的管辖权限。

阿根廷农业产业部第763/11号决议确定了一系列针对转基因植物、动物和微生物管理活动的指导方针，第701/11号决议是第763/11号决议的补充，一般适用于未获得商业批准的转基因生物品种，包括监管下的试验许可和商业释放的环境风险分析。第437/2012号决议，对申请者适应性、农业生态体系环境风险分析、生物安全活动等提出了管理要求。第241/2012号决议规定了转基因植物在生物安全大棚内种植的批准要求。第17/2013号决议规定阿根廷种子和转基因生物的生产的管理要求。第173/2015号决议有关于生物改良新技术的管理，规定了新技术产品是否可以认作转基因产品的评估程序。第226/197决议规定了监管措施要求。第498/2013号决议，规定转基因种子标准、分类。第60/2007号决议规定了针对已获得商业批准的品种通过杂交育种，获得的复合性状转基因植物的管理要求。第318/2013号决议规定了与已通过风险分析评估的品种，在生物结构上相似的品种的管理要求。对于转基因动物，第57/2003号决议规定了试点环境释放的有关许可要求，第177/2013号决议规定了农用转基因动物的进口管理要求。对于转基因微生物，第656/1992号决议规定了实验和环境释放批准要求以及转基因微生物产品在动物上应用的有关要求。

六、加拿大转基因生物安全管理法规

转基因生物安全管理由加拿大食品监督局、卫生部、环境部基于现行法规共同负责。在加拿大监管方针和法律中，拥有与传统植物不同或全新性状的植物或产品，被称为“新性状植物”或“新型食品”。新性状植物定义为植物品种/基因型拥有的特性，与在加拿大内种植常规种子获得的稳定种群的特性不尽相同或不实质等同，而且通过特异的遗传改变方法有意选择、创造或引入的特性。

加拿大食品监督局、卫生部、环境部3家机构共同监管新性状植物、新型食品以及所有拥有以前在农业和食品生产中未使用过的新特性的植物或产品。加拿大对转基因产品采取自愿标识。

加拿大食品监督局依据《消费者包装和标签法》《饲料法》《化肥法》《食品和药品法》《动物卫生药品法规》《种子法》《植物保护法》等法律和《饲料法规》《化肥法规》《动物卫生法规》《食品和药品法规》等法规，负责生物技术来源的植物和种子（包括拥有新性状的植物和种子）、动物、动物疫苗和生物制剂、化肥、牲畜饲料的管理。

加拿大卫生部依据《食品和药品法》《加拿大环境保护法》《有害生物防治产品法》等法律和《化妆品法规》《食品和药品法规》《新型食品法规》《医疗器械法规》《新物质通知法规》《有害生物防治产品法规》等法规，开展源于生物技术的食品、药品、化妆品、医疗器械、有害生物防治产品的管理。

加拿大环境部依据《加拿大环境保护法》等法律和《新物质通知法规》等法规，对《加拿大环境保护法》规定的生物技术产品，比如用于生物降解、废物处置、浸矿或提高原油采收率的微生物进行管理。《新物质通知法规》适用于不受其他联邦法律管制的产品。

加拿大渔业及海洋部依据《渔业法》和《新物质通知法规》对转基因

水生生物的潜在环境释放风险进行管理。

七、日本转基因生物安全管理法规

日本管理转基因生物的法规体系的建设按照政府机构职能进行分工，对转基因生物的研发、开发、生产、上市及进出口规定由文部科学省、厚生劳动省、农林水产省和通产省管理，分别制定管理指南。日本按照转基因生物的特性和用途，将生物安全管理分为实验室研究阶段的安全管理、环境安全评价、饲料安全评价和食用安全评价。文部科学省负责实验室研究阶段的安全管理，农林水产省负责转基因生物的环境安全评价、饲料的安全性评价，厚生劳动省负责转基因食品的安全性评价，通产省也负责生物技术的推广和应用。

为保证农业转基因生物实验阶段的安全，日本文部科学省制定了实验阶段的安全指南，主要对实验室及封闭温室内转基因植物的研究进行了规范，相对来说对研究的管理，随着安全性的确认，越来越宽松。

为保障人类健康，日本厚生劳动省于1991年发布了《转基因食品安全评价指南（试行）》，2001年4月起该指南正式实施。其规定一种转基因产品如果既通过了环境安全评价又通过了食品安全评价，或者既通过了环境安全评价又通过了饲料安全评价，则允许该转基因产品在日本进行商品化应用。

为保证农业转基因生物的环境安全，日本农林水产省发布了《农业转基因生物环境安全评价指南》，该指南主要指导研究开发人员对转基因生物的潜在风险进行评估。评估分为两个阶段，第一阶段是隔离条件下的试验，第二步是开放环境下的试验。此外，1996年农林水产省又发布了《转基因饲料安全评价指南》。从2001年4月起，转基因饲料的安全评价纳入现有的《饲料安全保障与质量改进法》中强制执行。

根据《食品卫生法》和《农林产品的标准化和标识法》，日本于2000

年3月发布了农林水产省第517号公告《转基因食品标识标准》，对在日本流通的转基因食品进行标识，该法案自2001年4月1日实施。2001年9月、2002年2月、2005年10月，农林水产省分别于2001、2002和2005年，3次对转基因食品标识目录进行修改。

八、韩国转基因生物安全管理法规

韩国于2007年10月成为《卡塔赫纳生物安全议定书》的缔约方，2008年1月实施《转基因生物法案》，该法案是生物技术相关领域规章制度的基本法，也是从立法层面对《卡塔赫纳生物安全议定书》的履行。贸易、工业和能源部是《卡塔赫纳生物安全议定书》的职能机构，负责《转基因生物法案》的颁布。

多个部门负责转基因的安全评价、审批与监管。管理部门包括贸易、工业和能源部，农业、食品及农村事务部，海洋和渔业部，卫生和福利部，韩国疾病控制及预防中心，食品与药品安全部，环境部，科技、通信技术及未来规划部。生物安全委员会隶属于贸易、工业和能源部。

韩国尚未批准转基因作物商业化种植。韩国对进口转基因谷物和动物的运作均遵循《转基因生物法案》。该法案经历了很长时间的酝酿，贸易、工业和能源部早在2001年便着手起草该法案及相关配套制度，并于2005年公开征求公众意见。草案于2006年定稿，直至2008年才试行，贸易、工业和能源部2012年12月颁布了《转基因生物法案》第一版及修订的实施条例，并明确规定了复合性状转化事件。法案没有明确区分食品饲料加工用途和种植用途的转基因产品。2013年4月，贸易、工业和能源部修订了转基因生物用于食品和饲料加工的审批规定。转基因作物需要通过食品和环境风险评估方能获得批准，评价过程涉及多个机构。

食品和药品安全部负责制定未加工和加工转基因食品的标识指南，并强制执行。依据《食品卫生法》，2001年7月13日，韩国食品和药品安全部制定颁布《转基因食品标识基准》，对于加工产品（包括成品）的27类食品进行标识管理。2016年，韩国发布《转基因食品标示标准》部分修改征集意见稿。《饲料指南》于2007年修订，要求零售商对含有转基因成分的动物饲料进行包装并标以转基因标签。

九、印度转基因生物安全管理法规

印度对转基因农作物、动物和产品的监管是根据1986年的《环境保护法》和1989年的《制造、使用、进口、出口和储存有害微生物、转基因生物和细胞》的规定，这些规则用于管理研究、开发、进口、大规模应用转基因生物及其产品。

1990年，印度科技部的生物技术局发布了《重组DNA指南》，于1994年修订。1998年，生物技术局颁布了单独的《转基因植物研究的指南》，包括用于研发的转基因植物的进口和运输管理规定。2008年，生物工程评审委员会采用了新的《田间试验指导方针和标准操作程序》。生物工程评审委员会也更新了《转基因食品安全评价指导方针》。

2006年8月，印度政府颁布了一项食品综合法即《食品安全法》，法案中罗列了管理转基因食品的具体条款，其中包括加工食品。印度食品安全标准局作为唯一的委托机构负责实施该法案。

2006年，卫生与家庭福利部对1955年的《预防食品掺假》规定进行了修订，增加了对转基因食品标识的要求。对尚未批准的转基因作物和转基因食品，执行“零容忍”政策。2012年消费者食物、食品公共分配部消费者事务局发布了公告G.S.R.427（E），修订了《有包装商品的计量办法》，并于2013年生效。含有转基因成分的食品需要在包装顶部主要显示栏中明示“转基因”字样。

转基因产品获得批准后，申请人根据2002年《国家种子政策》的条款及各州具体的种子相关法规进行商用种子登记注册。在商业化推广后，联邦农业部和各州农业部门对转基因产品进行3~5年田间监控。

2006年，印度商业与工业部发布了公告，明确表明进口商品中如含有转基因产品，需先获得基因工程评价委员会批准，且在进口过程中提交转基因声明。同年，环境和林业部公布了生物工程评价委员会关于转基因产品进口的相关流程。转基因种子、苗木进口遵循印度的《植物检疫程序法规》（2003），按不同用途对进口种质资源、转基因生物、转基因植物材料分别管理。国家植物遗传资源局是发放进口许可的主管当局。

2001年，印度颁布了《植物品种及农民权力保护法案》，转基因作物依据法案进行登记公布。

第三章　转基因安全评价

第一节　首例商业化的转基因植物产品

截至目前，全球已经批准了363个品系的转基因植物，涵盖了包括玉米、大豆、马铃薯等主粮在内的29个物种。转基因植物通过人为导入对人类产生积极作用的性状基因，可以产生直接的经济利益。目前，全球已经有28个国家种植转基因植物，累计种植面积超过20亿公顷，相当于全球耕地总面积的13.4%。

世界上首例商业化的转基因植物产品是1994年美国Calgene公司（美国加州的一家生物公司，现已被孟山都收购）推出的转基因耐贮藏番茄Flavr Savr。

番茄多聚半乳糖醛酸酶（PG）是一种与果实成熟相关的细胞壁水解酶，Flavr Savr是通过转入*PG*基因的反义序列，利用RNA干扰的作用机制，降低*PG*基因的表达，从而调控该酶的活性，延迟番茄软化过程，达到耐贮藏、保鲜的目的。

从1988年开始至1992年，Calgene公司按照美国农业部的下属机构动植物检疫局的要求，在APHIS指定的位于加利福尼亚州和佛罗里达州总计8个试验点进行田间试验。试验数据表明Flavr Savr番茄无论是在生长过程中，还是贮存或者加工过程中，都不会直接或者间接引起植物疾病、损伤或灾难性的伤害。

一、Flavr Savr番茄基因操作的安全评价

用于转化Flavr Savr番茄的Ti质粒是安全的，其中的天然致病基因已从T-DNA中移除。

Flavr Savr番茄的目的基因整合到植物基因组上具有遗传稳定性并且在遗传时符合孟德尔遗传定律。

Calgene公司在之后的田间试验的总结报告中也表明并没有一例由根瘤农杆菌引起的症状。由于转入的是番茄固有的*PG*基因的反义序列，并不会引起Flavr Savr番茄产生疾病或者对其他植物造成伤害，而且在T-DNA转入植物细胞基因组的过程中，它的边界序列已被破坏，即T-DNA已不再具有二次转化的功能。

此外，转化载体中还含有卡那霉素抗性基因，该基因是从大肠杆菌中分离出的抗生素筛选基因，它对植物疾病和损伤无任何影响。

因此，Flavr Savr番茄中外源基因的表达产物不会产生疾病性状或者产生毒素来影响其他生物。

二、Flavr Savr番茄演变成杂草的可能性安全评价

在美国，番茄并没有被列入美国《联邦有害杂草法案》，事实上番茄作为一个外来物种从未被认为是严重的、主要的杂草。Calgene公司分别在温室及田间做了试验，试验数据表明Flavr Savr番茄演变成有害杂草的可能性极小。主要体现在以下几方面。

（1）农艺性状（果实大小、性状和颜色）与非转基因番茄非常相似。

（2）种子发芽率与非转基因番茄一样。

（3）种子发芽及传播等性状与非转基因番茄相比无变化，转入外源基因后并不能提高转基因番茄在野外的生存能力。

酸腐和霉腐是成熟的番茄果实常见的两种疾病，真菌造成的腐烂虽然会影响果实的味道，但是却不会破坏种子。Flavr Savr番茄虽然可以减缓其酸腐或霉腐的速率，但是没有证据表明增强对真菌的抵抗性就能增加Flavr Savr番茄果实或种子的保存时间，许多自然突变的番茄也会提高抵抗真菌的能力并且延缓成熟的速率。

这说明与非转基因番茄相比，Flavr Savr番茄并不具有易向杂草演变的特性。

三、Flavr Savr番茄促使其他植物演变成杂草的可能性安全评价

Flavr Savr番茄是自花授粉，在自然条件下只有极小的可能性会与其他植物发生杂交。因此，Flavr Savr番茄不太可能会提高其他植物演变成杂草的可能性。即使栽培番茄与Flavr Savr番茄发生远缘杂交，也不能说明通过反义修饰影响果实成熟的基因会对番茄种子保存及演变为杂草的能力产生影响。

四、Flavr Savr番茄加工过程的安全评价

Flavr Savr番茄并不会对农产品加工过程造成影响。表达*PG*基因反义序列减小果胶的降解速率增加番茄的坚实程度及黏性，这不会使番茄在加工过程中更易受到损伤。

五、Flavr Savr番茄对环境中有益生物的安全评价

Flavr Savr番茄不会对有益生物如蜜蜂产生危害。主要从两个方面来说明：一是分析Flavr Savr番茄的生化成分，并没有发现毒性成分；二是Flavr Savr番茄没有直接的致病性，并且对蜜蜂和蚯蚓不具有潜在的发病机理。

六、Flavr Savr番茄的食用安全评价

由于Flavr Savr番茄中转入的是*PG*基因反义序列，该序列不编码任何蛋白质，只是抑制内源PG蛋白的活性，使Flavr Savr番茄果实中PG酶活性不足受体番茄的1%。降低*PG*基因的表达对番茄毒性或过敏性没有任何潜在的影响，由此说明Flavr Savr番茄具有食用安全性。

试验完成后，1992年5月31日Calgene公司向APHIS提交申请。7月14日APHIS声明接受Calgene公司的申请。8月19~20日，番茄生物学家与加州大学戴维斯分校联合主办了番茄分子生物学国际会议，讨论了转基因番茄的环境释放防范措施，工作组认为转基因番茄无任何风险，并表示通过基因工程或其他方法获得的性状对番茄本身并无危险。由此，耐贮藏番茄Flavr Savr于1992年通过了环境安全评价，并且获USDA批准种植。

Calgene公司于1993年3月开始向美国食药局进行咨询，1994年9月向FDA提交了其对耐贮藏番茄Flavr Savr的安全和营养评估的摘要，并于10月对以上数据进行了详细的口头陈述。所有与此次咨询相关的材料都已经收录在名为《BNF 0007》的文件中，这份文件保留在美国食品安全和应用营养中心（CFSAN）的上市前审批办公室（OPA）中。FDA认为通过以上数据，Calgene公司得出的结论是耐贮藏番茄Flavr Savr在成分、安全和其他相关参数上与目前市场上其他番茄不存在实质性差异，并且Flavr Savr也未

引起需要由FDA进行上市前审查或批准的问题。至此，FDA通过了对Flavr Savr的审查，允许用作食品及饲料。

耐贮藏番茄Flavr Savr并不属于美国环保署的监管范围，因此，Flavr Savr的商业化种植并不需要获得EPA的批准。

随后，Flavr Savr分别在加拿大（1995年）、墨西哥（1995年）、日本（1997年）通过环境或食品安全评价。截至目前，已有11个转基因番茄获得安全证书，包括美国、中国、墨西哥、日本、加拿大共5个国家批准了转基因番茄的种植、食用或饲用。

但是作为全球首例获批的转基因植物，Flavr Savr番茄必然会有其不完善的地方。虽然Flavr Savr的坚硬度得到提高，成熟期得到延长，减少了番茄在田间和运输途中的腐烂损失，也增加了在商场货架上的存放时间，这些都是转基因技术带来的好处。但是，由于Flavr Savr番茄中内源*PG*基因活性降低使其不能有效地降解番茄的果胶，而人体内也没有足够的这种酶来降解果胶。所以，Flavr Savr番茄在口味上不如原来的番茄品种，消费者对它并不感兴趣。1997年，转基因耐贮藏番茄在上市3年多后就从市场上消失了。

转基因植物从开始研发到安全性评价，再到商业化种植是一个漫长的过程。在通过安全性评价的基础上要充分权衡各方面的利与弊，既要保证环境安全和食用安全，又要尽可能地提高转基因植物的整体性能，使其能够被更多的人接受，最终实现产业化。

第二节　转基因生物风险评估原则及其主要内容

风险评估是农业转基因生物安全管理的核心，是指通过科学分析各种科学资源，对人类暴露于转基因生物及其产品而产生的已知的或潜在的有害作用进行评价，包括危害识别、危害特征描述、暴露评估和风险特征描述等4个部分。

风险评估按照规定的程序和标准，利用现有的所有与转基因生物安全性相关的科学性数据和信息，系统地评价已知的或潜在的与农业转基因生物有关的、对人类健康和生态环境产生负面影响的危害，通过风险评估预测在给定的风险暴露水平下农业转基因生物所引起的危害的大小，作为风险管理决策的依据。

在进行转基因生物风险评估时，一般应遵循科学原则、预防原则、个案处理原则、循序渐进原则、熟悉原则和实质等同原则。

一、科学原则

转基因生物安全管理必须建立在可信的科学性基础之上。对转基因生物及其产品的风险评估应以科学、客观的方式，充分应用现代科学技术的研究手段和成果对转基因生物及其产品进行科学检测和分析，并对评估结果做出慎重而科学的评价，不能用不科学的、臆想的安全问题或现代科学技术无法做到的，来要求对转基因生物及其产品进行评价。

二、预防原则

预防原则是在科学不确定的情况下进行实际性决策的规范原则，实施时需要对风险、科学不确定性和完全无知的情况进行识别，需要整个决策过程的透明和无歧视。它包括4个中心部分，分别是用于：①实施保护措施作为对科学不确定性的回应；②潜在危害支持证据的举证负担的转移；③为了同样的目标探索不同的方法；④将利益相关者纳入制定政策的过程。将预防原则引入转基因生物安全领域的最早国际法律文件是《卡塔赫纳生物安全议定书》。

具体到对转基因生物做风险分析时，预防原则是指以科学为基础，采取对公众透明的方式，结合其他的评价原则，对转基因生物及其产品研究和试验进行风险性评价，对于一些潜在的严重威胁或不可逆的危害，即使缺乏充分的科学证据来证明危害发生的可能性，也应该采取有效的措施来防患于未然。

三、个案分析原则

由于不同转基因生物及其产品中导入的基因来源、功能、克隆方法等各不相同，受体生物品种也有差异，同种基因和操作方法下插入位点也不相同。为了最大限度地发现安全隐患，保障转基因生物的安全，在对转基因生物进行安全评价的过程中，应对不同的转基因生物采取不同的评价方法，必须针对每一个转基因生物具体的外源基因、受体生物、转基因操作方式、转基因生物的特性及其释放的环境等进行具体的研究和评价，通过适宜的评估方法得到科学、准确、全面的评价结果。

四、循序渐进原则

对转基因生物进行风险评估应当分阶段进行，并且对每一阶段设置具体的评价内容，前一阶段试验获得的相关数据和安全评价信息可以作为能否进入下一阶段的评估基础，逐步而深入地开展评价工作。对转基因生物的逐步评估通常经历如下4个阶段：①在完全可控的环境（如实验室和温室）下进行评价；②在小规模和可控的环境下进行评价；③在较大规模的环境条件下进行评价；④进行商品化之前的生产性试验。

五、熟悉原则

所谓“熟悉原则”是指了解某一转基因植物的目标性状、生物学、生态学和释放环境、预期效果等背景信息，对与之相类似的转基因生物就具有了安全性评价的经验。

对转基因生物及其安全性的风险评估，取决于对其背景知识的了解和熟悉程度。因此，在对转基因生物进行安全评价时，必须对受体生物、目的基因、转基因方法以及转基因生物的用途和其所要释放的环境条件等因素充分熟悉和了解，这样在风险评估的过程中才能对其可能带来的生物安全问题给予科学的判断。根据类似的基因、性状或产品的使用历史情况，决定是否可以采取简化的评价程序。熟悉是一个动态的过程，不是绝对的，它随着人们不断提高认识和积累经验而逐步加深。

六、实质等同原则

实质等同原则首先在转基因食品安全领域提出，是指如果某个新食品或食品成分与现有的食品或食品成分大体相同，那么它们是同等安全的。1993年，OECD最先提出了实质等同性概念。实质等同并不是风险评估的终点，而是起点。对于转基因食品，采用该原则评价，其结果可能会产生3种情况：①转基因食品与现有的传统食品具有实质等同性；②除某些特定的差异外，与传统食品具有实质等同性；③与传统食品实质不等同。只要转基因食品与相应的传统食品实质等同，就认为与其同样安全。但是，那些与相应传统食品实质不等同的转基因食品也可能是安全的，但上市前必须经过更广泛的试验和评估。

根据国际通用原则、我国颁布的《农业转基因生物安全管理条例》及配套的《农业转基因生物安全评价管理办法》规定，我国转基因生物研究与应用要经过规范严谨的评价程序。以转基因植物为例，主要从分子特征、遗传稳定性、环境安全和食用安全4个方面进行风险评估。

分子特征从基因水平、转录水平和翻译水平考察外源插入序列的整合和表达情况，主要包括表达载体相关资料、目的基因在植物基因组中的整合情况以及外源插入序列的表达情况。

遗传稳定性主要考察转基因植物世代之间目的基因整合与表达情况。包括目的基因整合的稳定性、目的基因表达的稳定性、目标性状表现的稳定性。

环境安全主要评价转基因植物的生存竞争能力、基因漂移的环境影响、功能效率评价、有害生物抗性转基因植物对非靶标生物的影响、对生态系统群落结构和有害生物地位演化的影响、靶标生物的抗性风险。

食用安全主要评价基因及表达产物在可能的毒性、过敏性、营养成分、抗营养成分等方面是否符合法律法规和标准的要求，是否会带来安全风险。

第三节　中国农业转基因生物安全评价审批流程详解

一、安全评价制度

《农业转基因生物安全管理条例》及配套规章规定，我国对农业转基因生物实行分级分阶段安全评价制度。安全评价是农业转基因生物安全管理的核心，是通过科学分析各种科学资源，判断每一具体的转基因生物是否存在潜在的不良影响，预测不良影响的特性和程度。安委会负责农业转基因生物安全评价工作。整个评价过程由危害识别、危害特征描述、暴露评估和风险特征描述4个部分组成，通过安全评价预测给定暴露水平下农业转基因生物的危害大小，作为管理决策的依据。

（一）安全评价对象

农业转基因生物按照安全评价对象，分为4种类型。

（1）转基因植物。

（2）转基因动物。

（3）植物用转基因微生物。

（4）动物用转基因微生物。

（二）安全等级

农业转基因生物按照对人类、动植物、微生物和生态环境的危险程度，分为4个安全等级。

（1）安全等级Ⅰ：尚不存在危险。

（2）安全等级Ⅱ：具有低度危险。

（3）安全等级Ⅲ：具有中度危险。

（4）安全等级Ⅳ：具有高度危险。

（三）安全评价阶段

《农业转基因生物安全管理条例》及配套规章规定，我国对农业转基因生物实行分级分阶段安全评价制度。按照控制体系和试验规模，分为5个阶段。

1.实验研究

在实验室控制系统内进行的基因操作和转基因生物研究工作。

2.中间试验

在控制系统内或者控制条件下进行的小规模转基因生物试验。控制系统是指通过物理控制、化学控制和生物控制建立的封闭或半封闭操作体系。中间试验应在法人单位的试验基地开展。

试验规模以植物为例，每个试验点不超过4亩（1亩约为667平方米，全书同）。

3.环境释放

在自然条件下采取相应安全措施所进行的中规模转基因生物试验。

试验规模以植物为例，每个试验点一般大于4亩，但不超过30亩。

4.生产性试验

在生产和应用前进行的较大规模转基因生物试验。

试验规模以植物为例，应在批准过环境释放的省（自治区、市）进行，每个试验点试验规模大于30亩。

在我国从事上述农业转基因生物实验研究与试验的，应具备下列条件：在中华人民共和国境内有专门的机构；有从事农业转基因生物实验研究与试验的专职技术人员；具备与实验研究和试验相适应的仪器设备和设施条件；成立农业转基因生物安全管理小组。

5.安全证书

农业转基因生物安全证书主要分为3种类型。

（1）农业转基因生物生产应用安全证书，获得安全证书的农业转基因生物可作为种质资源利用。使用范围以植物为例，应为批准过生产性试验的适宜生态区。

申请时应提交如下材料：安全评价申报书，中间试验、环境释放和生产性试验阶段的试验总结报告，农业转基因生物的安全等级和确定安全等级的依据以及其他材料等。

（2）境外研发商首次申请农业转基因生物进口用作加工原料的安全证书，获得安全证书的农业转基因生物，可作为加工原料进口至我国境内。

申请时应提交如下材料：进口安全管理登记表，安全评价申报书，输出国家或者地区已经允许作为相应用途并投放市场的证明文件，输出国家或者地区经过科学试验证明对人类、动植物、微生物和生态环境无害的资料，以及境外公司在进口过程中拟采取的安全防范措施等。

（3）境外贸易商申请农业转基因生物进口安全证书，对已获得上述第二类，即进口用作加工原料安全证书的农业转基因生物，可由境外贸易商申请将其进口至我国境内。

申请时应提交如下材料：进口安全管理登记表，农业部首次颁发的农业转基因生物安全证书复印件，输出国家或者地区已经允许作为相应用途并投放市场的证明文件复印件，以及境外公司在进口过程中拟采取的安全防范措施。

农业转基因生物安全证书的批准信息在农业部官方网站公布。一次申请安全证书的使用期限一般不超过5年。申报单位在取得农业转基因生物安全证书后，还要办理与生产应用或进口相关的其他手续。如转基因农作物还要按照《中华人民共和国种子法》的相关规定进行品种审定和取得种子生产经营许可后，才能生产种植。

（四）评审制度

农业转基因生物安全评价管理的不同阶段，采用不同的评审制度（表 3.1）。

表 3.1　不同阶段评审制度

评审制度	阶段
报告制	安全等级为Ⅲ、Ⅳ级的农业转基因生物的实验研究 中间试验
审批制	中外合作、合资或外商独资公司在中国境内从事农业转基因生物的实验研究和中间试验 进口农业转基因生物用于中间试验 环境释放 生产性试验 安全证书

二、安全评价审批流程

（一）报告制申请（图 3.1）

1. 提交申请

申请单位应按照《农业转基因生物安全管理条例》及其配套办法、评价指南等要求填写《农业转基因生物安全评价申报书》，经申请单位农业转基因生物安全小组和单位审查同意并签字盖章后，送交至农业部行政审批办公大厅。

2. 形式审查

农业部行政审批办公大厅对申请材料开展形式审查。

审查内容：申请材料的完整性、申请单位农业转基因生物安全小组和申请单位意见、试验时间和规模等。

3. 技术审查

通过形式审查的申报材料，由农业部科技发展中心按照有关要求进行技术审查。

审查内容：安全性评价资料的科学性、试验设计的规范性。以转基因植物为例，主要从分子特征、遗传稳定性、环境安全和食用安全4个方面进行风险评估。

4. 备案

农业部科技发展中心对技术审查合格的申请材料形成备案意见，报经农业部转基因生物安全管理办公室核准后，制作批复文件。

5. 批件发放

向申请单位发放批复文件，同时抄送试验所在地的省级农业行政主管部门。

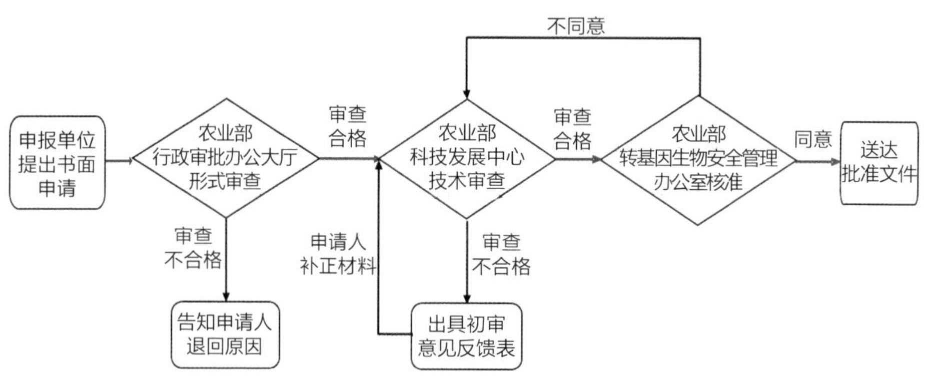

图 3.1　报告制申请流程

（二）审批制申请（图 3.2）

1. 提交申请

申请单位应按照《农业转基因生物安全管理条例》及其配套办法、评价指南等要求填写《农业转基因生物安全评价申报书》，经申请单位农业转基因生物安全小组和单位审查同意并签字盖章后，送交至农业部行政审批办公大厅。

2. 形式审查

农业部行政审批办公大厅对申请材料开展形式审查。

审查内容：申请材料的完整性、申请单位农业转基因生物安全小组和申请单位意见、试验时间和规模等。

3. 初步审查

通过形式审查的申报材料，由农业部科技发展中心组织开展材料审查，提出意见。

审查内容：安全性评价资料的科学性、试验设计的规范性。以转基因植物为例，主要从分子特征、遗传稳定性、环境安全和食用安全4个方面进行风险评估。

4. 安委会评审

完成初审的申请材料提交至安委会进行评审。安委会评审采取会议形式进行，按照《农业转基因生物安全评价管理办法》规定，农业部每年组织至少2次安全评审会议。

根据安委会工作规则，安委会设立植物和植物用微生物、动物和动物用微生物2个专业组，主要负责对本专业领域的农业转基因生物安全评价申请进行评审。植物和植物用微生物专业组根据安全评价需要设置分子特征、环境安全和食用安全3个审查小组。

各审查小组分别对本领域的农业转基因生物安全评价申请进行审查，每位专家独立审阅申报材料，充分发表个人评审意见，并填写专家意见表。评审小组通过集体讨论、协商一致后，形成小组评审意见。各审查小组将评审意见汇总形成专业组评审意见，召开专业组会议对评审意见进行审议，并进行投票。

评审内容：安全性评价资料的科学性、试验设计的规范性。以转基因植物为例，主要从分子特征、遗传稳定性、环境安全和食用安全4个方面进行风险评估。

5. 审查决定

安委会秘书处整理专家评审意见后，提交农业部科技教育司审查。农业部科技教育司根据专家评审意见提出审批意见，按程序报签后制作批复文件。

6. 批件发放

向申请单位发放批复文件。涉及开展试验的，同时抄送试验所在地的省级农业行政主管部门。

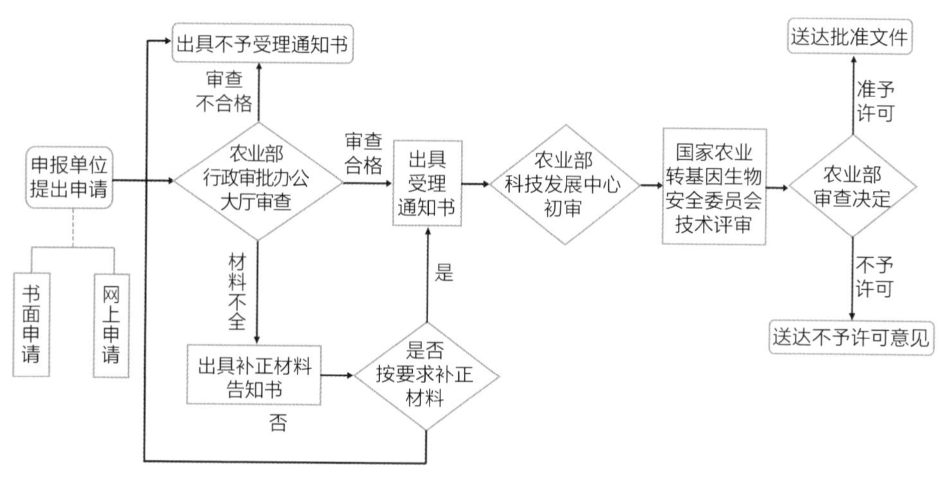

图 3.2　审批制申请流程

第四节　国外转基因生物安全评价审批流程

一、美国转基因生物审批流程

美国转基因技术管理的风险评估制度主要有转基因田间试验审批制度、转基因农药登记制度和转基因食品自愿咨询制度。

（一）田间试验审批制度

美国转基因田间试验审批制度由美国农业部执行。它主要管理转基因生物的跨州转移、进口、田间试验和解除田间种植监管4类活动，主要由美国农业部动植物检疫局生物技术管理办公室（BRS）负责。

美国实行专职审查员制度，一般不借助于外围专家，受理、审查、发放批件等一系列过程都在BRS内完成。田间试验审批制分3种类型（表 3.2）：一种是简化审批程序，审批时限为30天；一种是标准审批程序（图 3.3），审批时限为120天；一种是药用工业用转基因生物审批程序，审批时限为120天。对于常规作物的审批有效期限是一年，没有续申请。审批侧重点是试验环境和安全控制措施。田间试验的评价内容由研发单位自行决定。

解除监管即生产种植的商业化许可。解除监管的转基因作物可以大规模生产种植。该程序（图 3.4）审批时限依个案补充材料而不同，一般为6个月，少数审批长达3~5年，其中，联邦公告公开征求公众意见的时间为60天。

表 3.2　美国BRS对各种转基因植物田间试验审批和监管情况比较

	简化审批程序	标准审批程序	药用工业用转基因生物审批程序
适用对象	植物	植物、微生物、昆虫	植物、微生物
外源基因	功能明确的基因	任何外源基因	药用、工业用
限制性条件	按操作标准进行	申请者提供详细资料 APHIS附加限制条件	申请者提供详细限制资料 APHIS增加许可条件 APHIS批准标准操作行为规则和培训
申请审批时限	10天：州际转移 30天：进口，田间试验	60天：进口，州际转移 120天：田间试验	60天：进口，州际转移 120天：田间试验
批准期限	1年	1年：州际转移 1年，多年生植物3年：田间试验	1年：州际转移 1年，多年生植物3年：田间试验

（续表）

	简化审批程序	标准审批程序	药用工业用转基因生物审批程序
田间检查对象	在所有批准的申请中，随机选择25%，被选中的申请中只抽查一个试验点	全部批准的申请中，每个申请在每一个州选择一个试验点进行检查	全部批准的申请中，所有地点进行全面检查
田间检查次数	1次	1次	7次
田间检查时间	生长期	生长期	种植前、苗期、花期、收获期、收获后期各一次，下一个生长期两次
提交报告	种植期农事活动报告；非预期效应/意外逃逸报告；田间试验报告	种植期农事活动报告；非预期效应/意外逃逸报告；田间试验报告；自生苗监控报告	非预期效应/意外逃逸报告；种植前报告；种植期农事活动报告；收获前报告；自生苗监控报告；田间试验报告

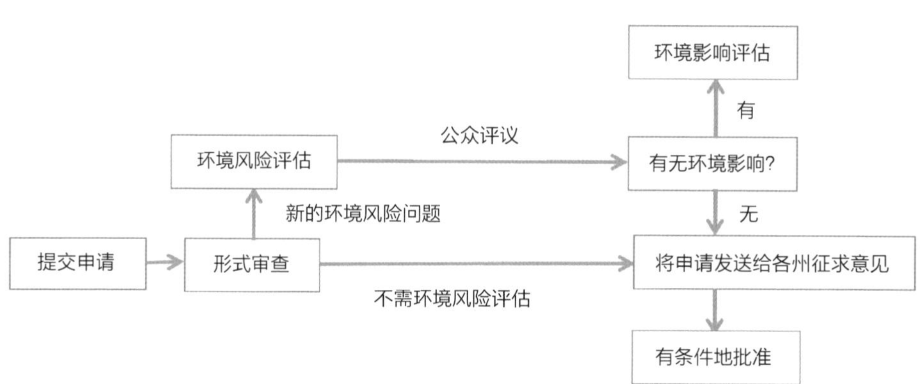

图 3.3　美国转基因作物田间试验审批程序

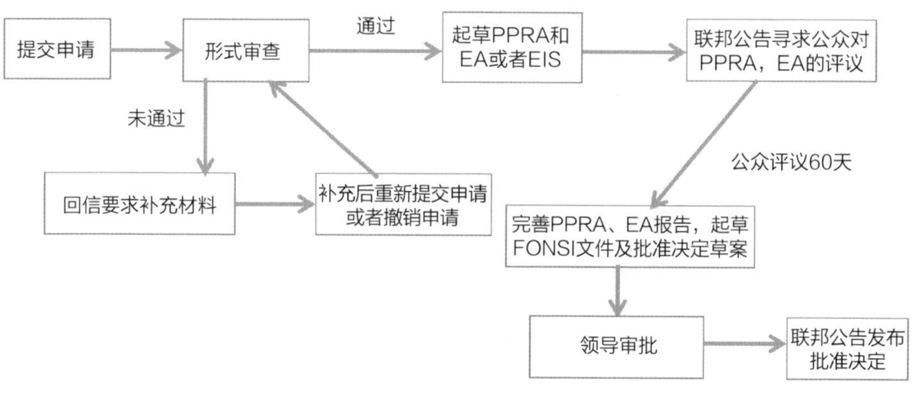

图 3.4　美国转基因作物商业化种植审批程序

（二）转基因农药登记制度

转基因农药登记制度由美国环保署执行。对于转基因植物，环保署主要对植物内置式农药试验使用许可、登记和残留允许3种活动进行安全评价。残留允许可以分别与试验使用许可、农药登记同时申请。生物农药与传统农药相比风险较小，因此环保署对植物内置式农药所要求的试验数据较少，审查时间较短。

1. 试验使用许可

如果植物内置式农药田间试验超过10英亩（1英亩约为4 047平方米，全书同），则需要向环保署申请试验使用许可，一般审批需要6个月。植物内置式农药的试验使用必须同时获得临时残留允许。试验使用许可申请的资料和农药登记资料基本相同，某些需要通过大规模田间试验获得的资料可以暂不提供，例如蛋白表达、对非靶标生物风险评价的高级别试验资料、抗性治理以及大规模应用益处的资料。

2.农药登记

植物内置式农药的登记程序和传统农药相同，但登记审批时间较短，一般来说，新型植物内置式农药登记需要18个月。根据法律规定，所有登记的农药15年后必须重新进行安全评价。农药登记资料主要包括产品特性、人类健康风险评价、基因漂移评价、对非靶标生物风险评价、环境流向评价、转基因抗虫作物抗性治理和植物内置式农药的益处。

3.残留允许

植物内置式农药的试验使用许可需要获得临时残留允许，农药登记需要获得残留允许。临时残留允许和残留允许没有本质区别，只是有效期不同。残留允许主要基于农药对人类健康风险评价的资料，目前，所有植物内置式农药的残留允许均为残留免除。

（三）转基因食品实行自愿咨询制度

转基因食品实行自愿咨询制度，由美国食药局执行。它共分为以下两个层次。

1.转基因食品新表达蛋白的早期咨询制度

为应对转基因生物田间试验可能造成的无意混杂，食药局鼓励研发者在研发早期进行咨询。早期咨询主要针对转基因食品新表达蛋白的过敏性和毒性。食药局收到申请后15个工作日做出受理答复，120日内对申请评价做出答复。

2.转基因食品上市前的咨询制度

研发者完成自我评价后，可以向食药局申请转基因食品上市前的咨询。上市前的咨询同时针对新表达蛋白和转基因生物，新表达蛋白资料包括蛋白特性、来源、潜在毒性和过敏性、日常暴露量和营养组成等；转基因生物资料包括遗传稳定性、营养和有毒物质的组成等。食药局收到申请后30日内做出受理答复，审查时间为6个月左右。

二、欧盟转基因生物审批流程

欧盟按照产品用途将转基因生物审批分为两类，第一类为用于种植的转基因生物，批准后可以在批准区域内进行环境释放；第二类为用作食品、饲料的转基因生物，批准后可投放市场。申请有意环境释放或产品投放市场的转基因生物审批过程一般分为3个阶段：提交申请、风险评估、多层决策。以用作食品、饲料的转基因生物申请为例。

第一阶段：提交申请（图 3.5）

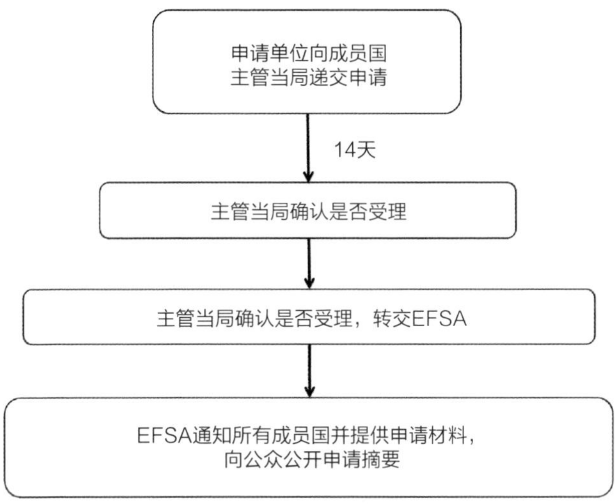

图 3.5　提交申请流程

第二阶段：风险评估（图 3.6）

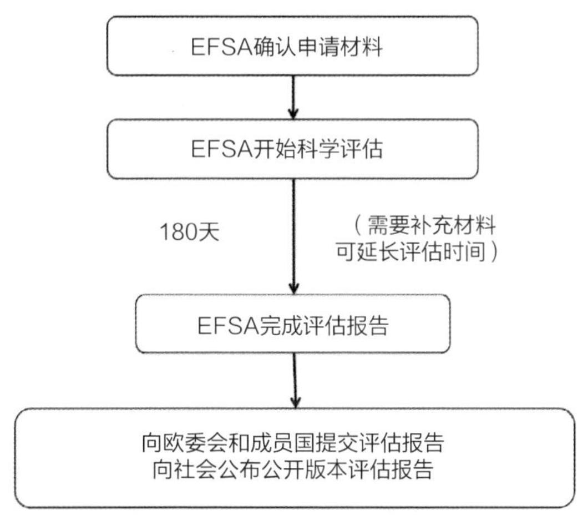

图 3.6　风险评估流程

第三阶段：多层决策（图 3.7）

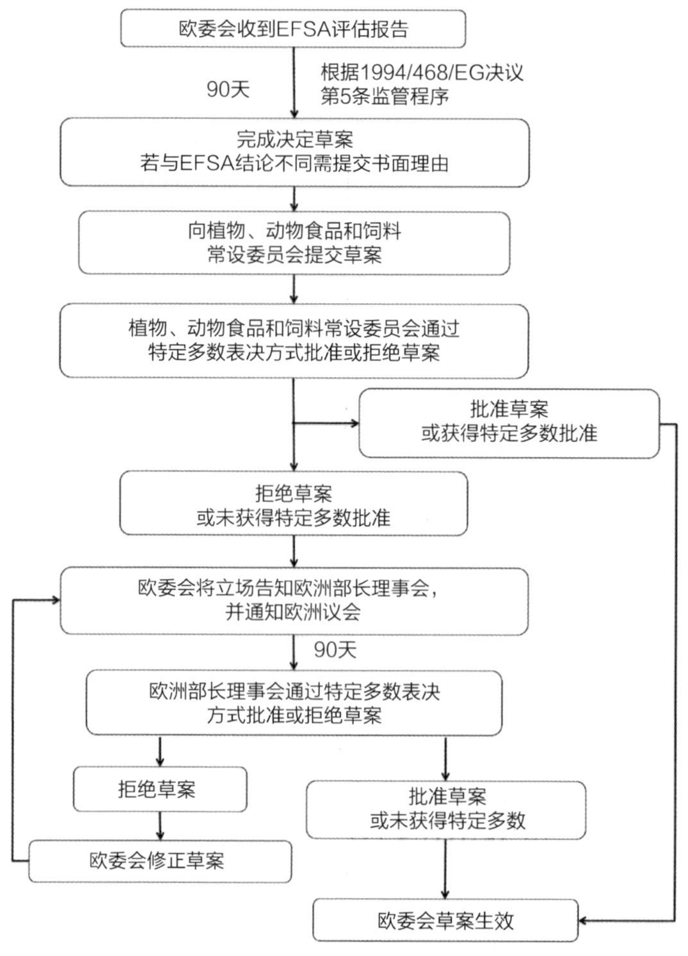

图 3.7　决策流程

申请在欧盟成员国境内种植转基因生物，参照18/2001/EC号《转基因生物有意环境释放指令》，由EFSA对其进行环境影响评估，其申请及审批程序与上述程序大致相同。

若有需要同时获得转基因生物作为食品和饲料用途以及有意环境释放的授权，申请者可以提交同时包含用于食品和饲料以及用于有意环境释放用途在内的整合安全评估资料，并将申请资料提交给成员国当局，由成员国自行开展风险评估。获得评估结果后，如果其他成员国或者欧盟委员会提出反对意见，需将申请资料递交至欧盟委员会重新进行安全评估，审批程序与上述用作食品和饲料的转基因作物安全审批程序大致相同。

对于已授权的转基因产品，各成员国农业部门可对这些产品进行监督检查，如果发现问题可以申请召回。

三、澳大利亚转基因生物审批流程

澳大利亚转基因生物的安全评价主要由澳新基因技术管理办公室（OGTR）和澳新食品标准局（ANZFA）两个部门负责。澳大利亚转基因生物安全证书的申请主要分为从事环境释放（DIR）以及不涉及释放的活动（DNIR）；另一方面，根据对人体或动物的伤害程度，转基因生物可能导致的危害分为4个级别：非常小危害、较小危害、中级危害、重大危害；与基因技术相关活动的风险分为4个级别：风险忽略、低风险、中等风险、高风险。

从事转基因生物研发、生产等活动，需要根据转基因生物的不同风险级别实施报告或审批管理。从事低风险的转基因生物研发活动，应当向OGTR报告，并且满足人员经过专门培训、单位及设施通过认证、相关活动经过本单位转基因生物安全委员会评价、转基因生物运输按《转基因生物运输指南》执行等要求。从事其他风险程度的转基因生物研发、生产等活动，首先要向OGTR提出申请。在获得许可后，被许可人根据所从事转基因活动的性质、领域，分别向ANZFA、治疗用品管理局、国家注册局、国家工业化学品通报，并与评价局、澳大利亚检疫检验局等具体职能部门申请启动项目，申请时须向这些主管机构提交OGTR颁发的许可证。主管机构审查通过后，将对被许可人在项目实施过程中遵守相关要求、落实相应的风险管理措施等方面进行监督。

审批时限分为两类：DNIR申请需90个工作日（工作日不包括周末以及澳大利亚首都地区的公共假日，也不包括执行长官正式向申请者进一步提出提交申请相关材料期间所花费的时间）。DIR申请，其中对于限制性和可控释放的申请需150个工作日（如果发现有显著风险，则170个工作日），对于限制性和可控释放以外的申请需255个工作日（DIR和DNIR的审批流程分别见图 3.8和图 3.9）。澳大利亚转基因证书免费申请，但基因技术专员可在履行基因技术专员职责过程中，对其提供的或者以其名义提供的服务收取费用。

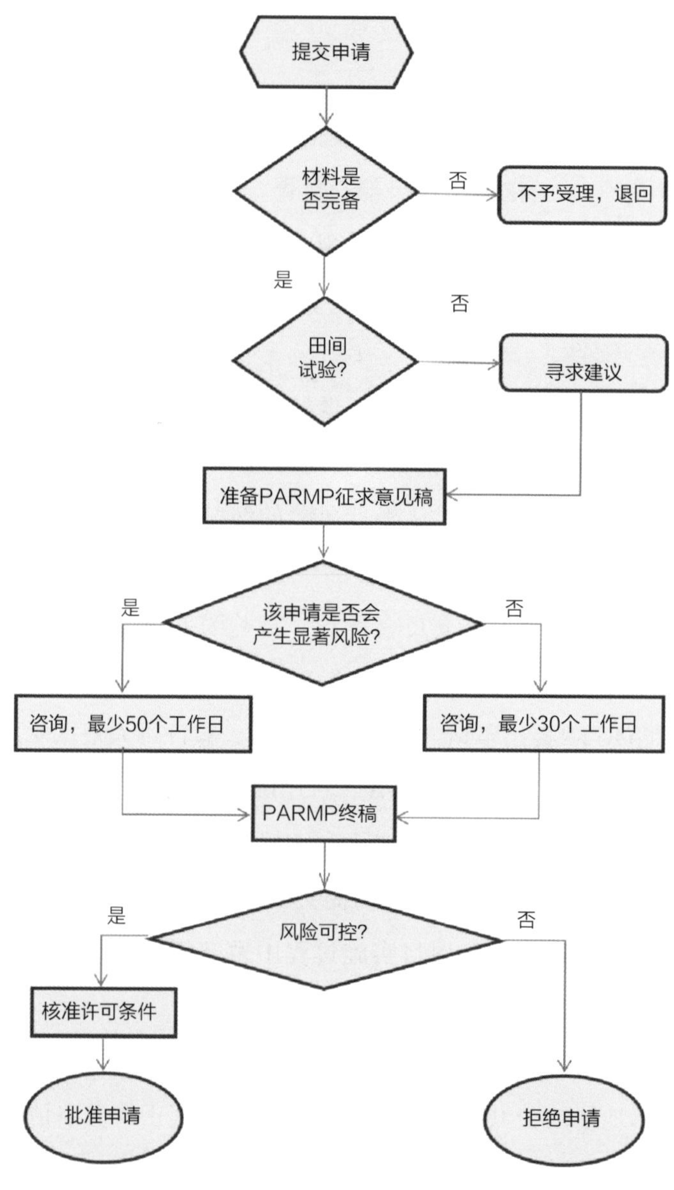

图 3.8　DIR申请审批流程

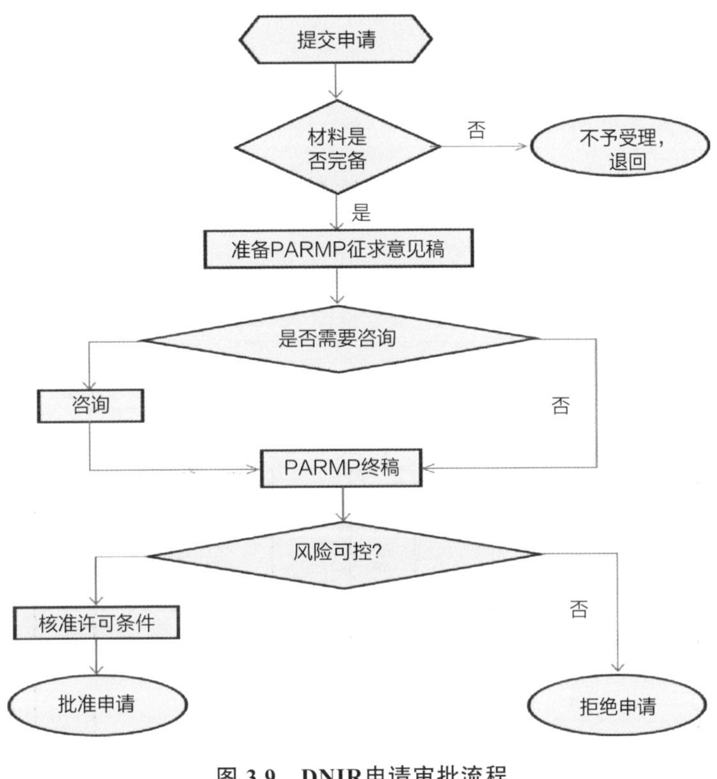

图 3.9　DNIR申请审批流程

四、巴西转基因生物审批流程

转基因生物及其产品在国家生物安全技术委员会（CTNBio）或国家生物安全理事会（CNBS）经过安全检测做出批准决定以后，政府相关部门负责其职责范围内的管理工作（图 3.10）。

农业部负责用于动物、农业生产及相关领域的转基因生物及其产品的注册、审批和监控；

卫生部所属相关机构负责用于人类、药物、家庭清洁及相关领域的转基因生物及其产品的注册、审批和监控；

环境部所属相关机构负责对释放到自然生态系统的转基因生物及其产品的注册、审批和监控，对经CTNBio认定为可以在自然界降解的案例予以许可；

总统办公室水产养殖和渔业特别秘书处对用于水产养殖和渔业的转基因生物及其产品予以注册和批准。

政府有关部门对转基因生物和产品的上述审批在120天内完成，如有特殊情况，最多可延长到180天。

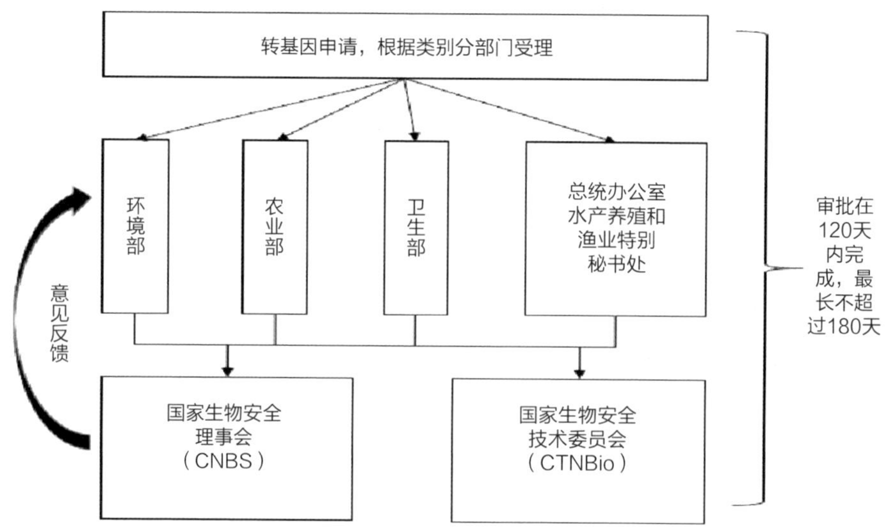

图 3.10　巴西转基因生物及其产品审批程序

五、阿根廷转基因生物审批流程

1. 审批制度

转基因植物所获准的审批类型：

（1）就转基因植物的试验释放而言，考虑批准温室和田间测试；这被称为最初的评估阶段，目的是为了确定对环境影响的潜力不显著。

（2）就称为第二评估阶段的大规模释放而言，其目的是为了表明转基因释放对环境的影响与非转基因对应物所产生的影响没有显著差异。这一阶段是批准某一转基因生物进行市场化的一个必要阶段，可以在原料开发的任何时候进行。

第一种情况下，如果应用了大量的生物安全性步骤，则可以授予批准，其决定因素有：所释放的转基因生物的生物学性质、进行测试的农业生态系统的特征以及必要的安全性步骤的遵守程度。

就第二种情况而言，在未来转基因生物释放到环境中时，需提供下列信息：浅播、待播种的材料的量、播种日期、释放的位置、材料收获和有效精选的日期和量、拟进行释放的生物安全性条件。

2. 审批流程（图 3.11）

实验（experiment）—田间释放（field release）—商业化种植（commercialization）。

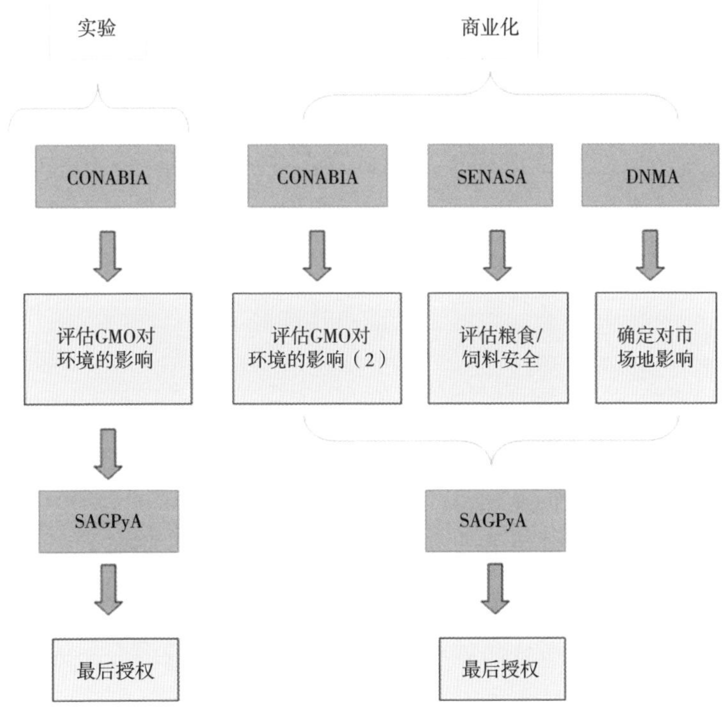

图 3.11　阿根廷转基因生物审批流程

六、加拿大转基因生物审批流程

加拿大将转基因生物研究划分为实验研究和环境释放两个阶段，进行转基因生物的实验研究不需经过审批，进行环境释放则需要研发者遵循加拿大卫生部和加拿大食品监督局的相关法规、指南进行申请，获得批准后方可开展。

根据环境释放的试验目的和控制条件，又可分为限制性释放和非限制性释放。限制性释放是以科研为目的，在限制性条件下采取隔离措施进行的环境释放，同时对收获材料限制使用。非限制性释放是以商业化为目的，批准后可不受限制种植与使用材料，申请非限制性释放是转基因产品商业化的必要条件。

在加拿大，转基因产品上市前需经过以下3个审批步骤。

（一）提交申请

加拿大政府强烈建议申请单位在提交申请前向加拿大卫生部和加拿大食品监督局进行咨询，以便事先确认提交的材料满足涉及的所有评估标准。当申请单位认为其提供的材料符合加拿大卫生部和加拿大食品监督局的相关法规、指南要求，并可充分证明其产品的安全性时，可以提出正式申请。

（二）安全评估

申请单位提交的材料由加拿大卫生部和加拿大食品监督局分别从食品安全性、环境安全性和饲用安全性等3方面进行评估。

加拿大卫生部的新食品处（NFS）负责进行转基因产品的食品安全评估，评估流程如图 3.12所示。

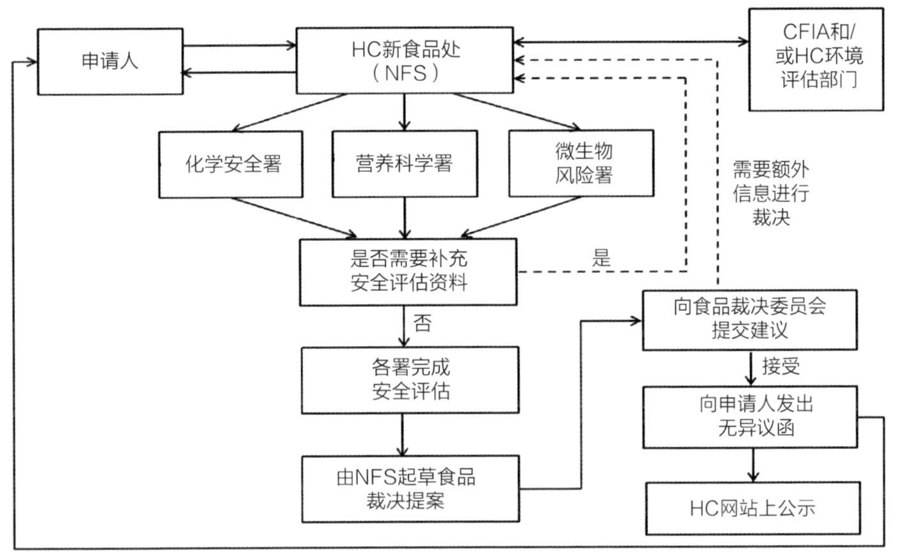

图 3.12　加拿大转基因食品安全评价程序

加拿大食品监督局的植物生物安全办公室（PBO）和饲料处（FS）分别负责进行转基因产品的环境安全评估和饲用安全评估，评估程序与食品安全评估类似。

（三）批　准

加拿大卫生部和加拿大食品监督局完成食品安全性、环境安全性和饲用安全性3方面评估后，最终决定是否批准所审查的产品。对于通过安全评价批准上市的转基因产品，加拿大在种植上将不作继续监管，在运输和仓储上采取混收、混储、混运，对转基因与非转基因不再区分。

七、日本转基因生物审批流程

日本按照转基因生物的特性和用途，将转基因生物安全管理分为实验室研究阶段安全管理、食品安全评价、饲料安全评价和环境安全评价。

（一）实验室研究阶段安全管理

日本文部科学省依据《重组DNA实验准则》对实验室及封闭温室内的转基因生物研究进行规范，力求从源头上降低风险。研究单位根据文部科学省的规定，结合各自单位的实际情况，成立了转基因生物安全管理委员会（小组），并制定了转基因生物安全管理实施细则，规范本单位的转基因生物研究工作。

（二）食品安全评价

日本厚生劳动省和日本内阁办公室依据《转基因食品和食品添加剂安全评价指南》对食品和食品添加剂实施安全评价。日本厚生劳动省负责受理安全评价申请，日本内阁办公室的食品安全委员负责安全评价的实施，并将评价结果通过日本厚生劳动省反馈给申请单位（图 3.13）。

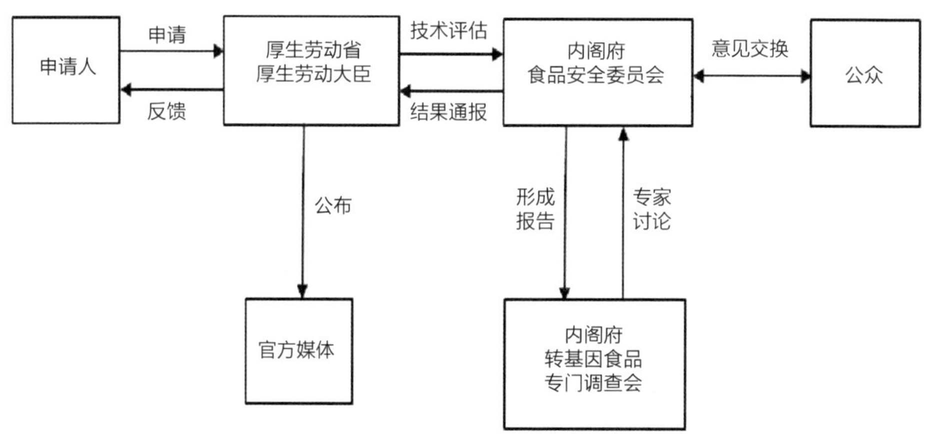

图 3.13　日本转基因食品安全评价程序

（三）饲用安全评价

日本农林水产省和内阁办公室依据《转基因饲料安全评价指南》和

《在饲料中应用重组DNA生物体的安全评估指南》对饲料和饲料添加剂进行安全评价，评价程序与转基因食品基本相同。

（四）环境安全评价

日本农林水产省依据《在农业、林业、渔业、食品工业和其他相关部门应用重组DNA生物指南》对转基因生物进行环境安全评价。评价过程分两个阶段：一是隔离条件下的试验，相当于我国的中间试验阶段；二是开放环境下的种植，获得批准后可申请用作食品和饲料。

八、韩国转基因生物审批流程

韩国转基因生物的审批需要通过环境风险和食品安全评估。多家机构共同参与了转基因生物的评估工作，农村发展管理局对饲料中的转基因成分进行环境风险评估，同时，还会与国家环境研究所（NIER）、国家渔业研究开发所（NFRDI）和韩国疾病预防控制中心（KCDC）等3个部门协商。食品药品管理局对粮食中的转基因成分进行安全评估，同时，还会与农村发展管理局国家环境研究所和国家渔业研究开发所协商。

食品药品管理局有3个审批类别，包括完全批准和两类有条件批准。“完全批准”发放给商业化生产和进口的用于人类食用的转基因作物；“有条件批准”适用于已经中止的或者不是为了人类食用而商业化种植的作物。

在韩国，转基因产品上市前需经过以下两个审批步骤。

第一阶段：安全性审查

申请单位提交的材料由农村发展管理局和食品药品管理局分别从食品安全性和环境安全性两个方面进行安全性审查，流程如图 3.14所示。

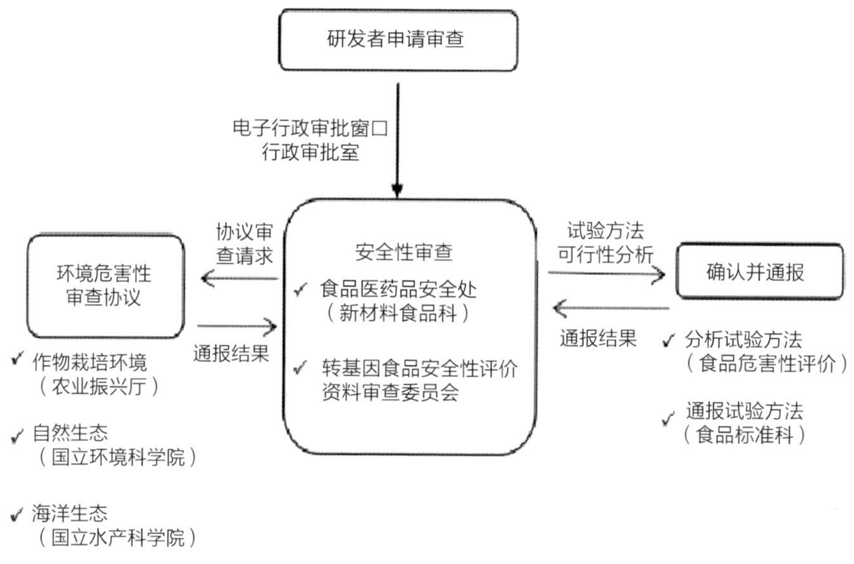

图 3.14　安全性审查流程

第二阶段：征求公众意见

农村发展管理局和食品药品管理局完成安全性审查后，将审查结果在网站上进行公示，征求国民意见。公众无意见，批准最终审查结果，并通知研发者。流程如图 3.15所示。

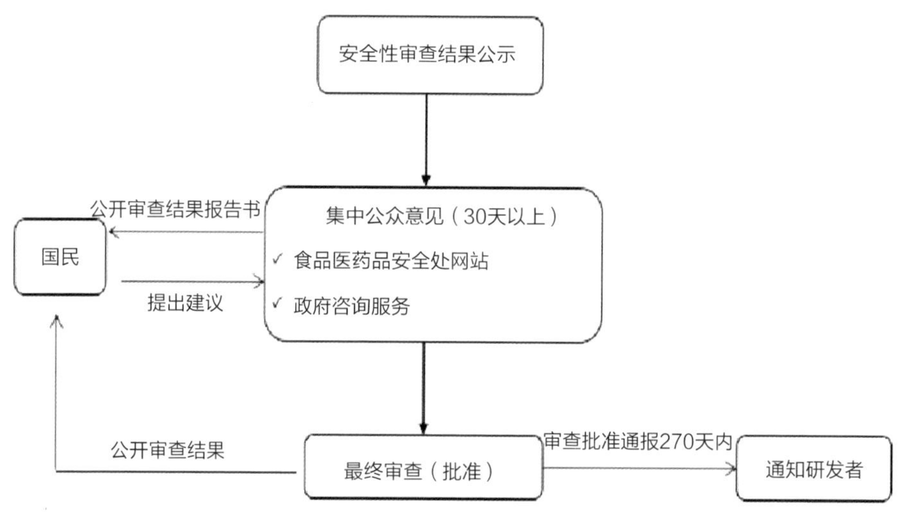

图 3.15　征求公众意见流程

九、印度转基因生物审批流程

转基因技术研究在印度开展的比较早，在许多层面也具有较高的水平。目前，印度是全球第一大转基因棉花生产国，抗虫棉的种植为农民带来了可观的经济效益。其转基因生物安全的审批分为以下3步（图 3.16）。

第一步：审查申请

在印度，任何进行转基因技术研究与应用的机构都要成立生物安全委员会（IBSC），其成员包括本机构的科学家和科技部委派人员。IBSC负责审查本单位所有涉及转基因生物安全的研究和开发申请，主要对申请的研究水平和可操作程度作出评价。审查合格后向科技部下设的遗传操作审查委员会（RCGM）提交。

第二步：安全评价

转基因植物上市前的安全评价需要进行3个阶段的试验。

封闭试验（实验室和温室实验）：申请单位前期在实验室和温室进行的研发试验由IBSC批准并审核。

田间试验：田间试验分为生物安全研究1级试验和生物安全研究2级试验。1级试验由RCGM负责审批，试验规模为每个试验点不超过1英亩，总共不超过20英亩；2级试验由环境与林业部下设的基因工程审批委员会（GEAC）审批，试验规模为每个试验点不超过2.5英亩，总面积根据转化体个数而定。GEAC采取“以转化事件为基础的”审批体系，对转化事件/性状的效率进行审核，评价时侧重于环境和食/饲用安全性。

农艺学评价：在转基因产品批准商业化之前，需在印度农业研究理事会（ICAR）或国家农业大学（SAU）监督指导下在田间进行严格的农艺学评价，制作完整的农艺性状数据报告，向GEAC推荐拟商业化的转基因作物。

第三步：批准

完成上述试验后，申请单位向GEAC提交安全证书申请，最终由GEAC发放安全证书，并批准商业化释放。

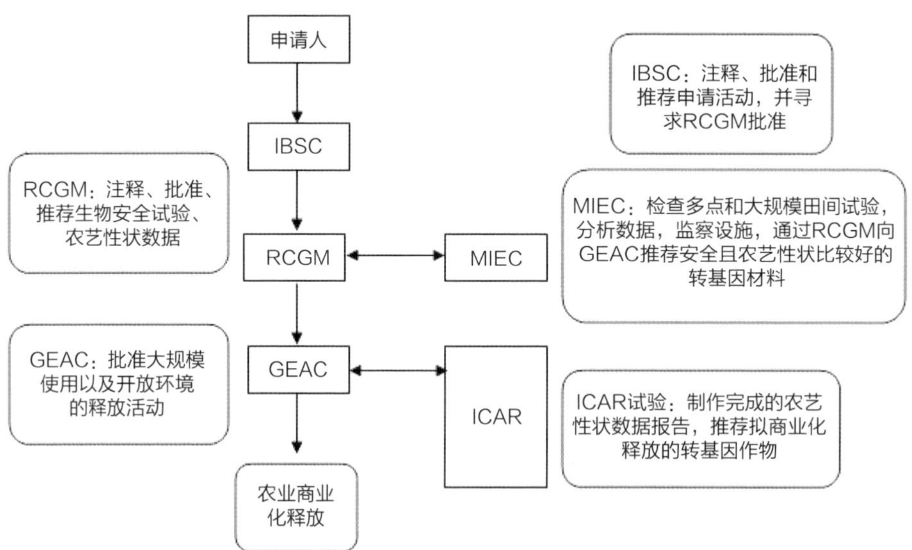

图 3.16　印度转基因作物审批的简化流程

第四章　转基因标识管理

第一节　转基因标识的内涵和形成

一、转基因标识的内涵

标识是指用于识别产品及其质量、数量、特征、特性和使用方法所做的各种表示的统称，可以用文字、符号、数字、图案以及其他说明物等表示，是传递产品信息的基本载体。20世纪以来，科学技术和社会生产力的不断发展使得产品呈现出功能特性的多样化和复杂化，普通消费者难以凭借自身能力判断产品属性。通过标识，生产者向消费者传递产品信息、做出质量承诺，消费者的知情权与选择权得以保证。如今标识已经成为购买产品的重要依据。

转基因标识是标识的一种，表明产品含有转基因成分或者由转基因生物生产、加工而成。由于进入市场的转基因农产品都通过了充分的环境安全评价和食用安全评价，均是安全的。因此，转基因标识同清真食品、无糖饮料、全脂牛奶等标识一样，都是为了帮助消费者了解产品的属性，与安全性并无对应关系。转基因标识旨在保障消费者知情权和选择权，并不属于安全指示。

自1994年首例转基因番茄上市以来，转基因技术的研究与应用发展迅猛。截至2016年，全球共批准26种转基因作物用于环境释放、种植、饲料或者食物，转基因作物种植面积已达到1.851亿公顷，转基因产品正在以多种形式融入人们的生活。转基因产品是否应该特别标注以及如何进行标注，成为政府和公众共同关注的议题，国际上不同国家和地区的转基因产品标识管理政策与方式也有所差异。

二、转基因标识的形成

转基因标识的形成与发展和转基因作物产业化应用基本同步。早在1990年转基因产品商业化应用前，欧盟便在《转基因生物管理法规》（220/90号指令）中确立了转基因食品标识管理的框架。1996年首例转基因农作物上市后，欧盟于1997年颁布实施《新食品管理条例》（258/97）对所有转基因产品进行强制性标识管理，并设立了最低含量阈值。

20世纪90年代末期尤其是进入21世纪以来，转基因作物产业化迅猛发展，转基因产品涉及国际农产品和食品贸易的多个方面。另一方面，关于转基因生物安全的一系列报告引发了公众的高度关注。出于国际政治、经济和公众接受等多重考虑，越来越多的国家开始对转基因产品实施标识管理。

1999年美国政府提出自愿标识管理系统，2001年日本实施《转基因食品标识法》，2002年我国发布施行《农业转基因生物标识管理办法》。

目前，已有包括美国、加拿大、日本、巴西、阿根廷、澳大利亚、新西兰、俄罗斯、韩国、泰国以及欧盟各国等在内的近70个国家和地区制定了转基因产品标识管理制度。

第二节　中国转基因标识管理

一、转基因标识管理要求

为了加强对农业转基因生物的标识管理，规范农业转基因生物的销售行为，引导农业转基因生物的生产和消费，保护消费者的知情权，根据《农业转基因生物安全管理条例》（2001年）和《农业转基因生物标识管理办法》（2002年）规定，我国对农业转基因生物实行定性、强制性目录标识制度。凡是列入标识管理目录并用于销售的农业转基因生物应当进行标识（表 4.1），标识目录由国务院农业行政主管部门商国务院有关部门制定、调整和公布。

表 4.1　第一批实施标识管理的农业转基因生物目录

作物	种　类
大豆	大豆种子、大豆、大豆粉、大豆油、豆粕
玉米	玉米种子、玉米、玉米油、玉米粉（含税号为 11022000、11031300、11042300的玉米粉）
油菜	油菜种子、油菜籽、油菜籽油、油菜籽粕
棉花	棉花种子
番茄*	番茄种子、鲜番茄、番茄酱*

2015年10月，新修订的《中华人民共和国食品安全法》施行，要求生产经营转基因食品应当按照规定显著标示。县级以上人民政府食品药品监督管理部门依法对生产经营转基因食品未按规定进行标示的进行处罚。

二、转基因标识的标注方式

根据《农业转基因生物标识管理办法》，标识的方式主要有3种。

（1）转基因动植物（含种子、种畜禽、水产苗种）和微生物，转基因动植物、微生物产品，含有转基因动植物、微生物或者其产品成分的种子、种畜禽、水产苗种、农药、兽药、肥料和添加剂等产品，直接标注“转基因××”。

（2）转基因农产品的直接加工品，标注为“转基因××加工品（制成品）”或者“加工原料为转基因××”。

（3）用农业转基因生物或用含有农业转基因生物成分的产品加工制成的产品，但最终销售产品中已不再含有或检测不出转基因成分的产品，标注为“本产品为转基因××加工制成，但本产品中已不再含有转基因成分”或者标注为“本产品加工原料中有转基因××，但本产品中已不再含有转基因成分”。

2007年，国家标准《农业转基因生物标签的标识》（农业部869号公告-1-2007）发布，进一步规范了标识的位置、规格和颜色等。标准规定标识应直接印刷在产品标签上，应紧邻产品的配料清单或原料组成，无配料清单和原料组成的应标注在产品名称附近。

标准同时规定当产品包装的最大表面积大于或等于10平方厘米，文字高度不小于1.8毫米，不小于产品标签中其他最小强制性标示的文字。当包装的最大表面积小于10平方厘米时，文字规格不小于产品标签中其他最小强制性标示的文字。文字的颜色与产品标签中其他强制性标示的文字颜色相同，不同时应与标签的底色有明显的差异，不得利用色差使消费者难以识别。

第三节　国外转基因标识管理

一、美国转基因标识管理

自愿标识是按照生产者和销售者的意愿，对产品中的转基因成分进行标注。一直以来美国实施自愿标识制度。根据《联邦食品、药品和化妆品法》规定，美国市场上销售的转基因食品如和传统食品实质等同，则不做强制性标识要求。但当转基因食品的营养成分和同类非转基因食品有差别，或者会引入过敏源、用途改变时，则需要标明其变化情况。

2016年7月，美国通过《国家生物工程食品信息披露标准》，由联邦政府制定统一的强制标识做法，避免各州各自为政以及部分州与联邦法规不统一的现象。该披露标准规定，转基因标识可采取文字、符号或者二维码等任意一种方式标注，规模较小的公司可以通过提供电话号码或者网址的方式为消费者提供信息。强制标识的具体实施细则仍在制定中，将于2018年7月29日前出台。美国现阶段仍实施自愿标识。

二、欧盟转基因标识管理

根据标识的对象，转基因产品标识制度分为成分关注型和过程关注型。成分关注是以最终产品中转基因成分（外源DNA或蛋白质）的含量为标识依据；过程关注则以产品在加工、生产过程中是否采用转基因原料为依据，不管最终产品中是否存在转基因成分。目前，绝大多数实施转基因标识的国家（地区）采用成分关注型标识制度，少数国家实施过程关注型标识制度，主要为欧盟和中国。

欧盟1997年《有关新食品和新食品成分的条例》、2000年《有关含有由转基因生物或经基因改变制成的添加剂和调味素的食品和食品成分的标签条例》以及《有关转基因生物制成的特定食品的强制性标签标识条例》规定欧盟成员国对上市的转基因食品必须标识转基因，标签的内容包括转基因生物的来源、过敏性、伦理学考虑、不同于传统食品的特性等。

2003年欧盟议会及欧盟理事会公布《转基因食品及饲料条例》和《转基因生物追溯性及标识办法以及含转基因生物物质的食品及饲料产品的追溯性条例》，规定一旦进入市场，各个阶段的含有转基因生物或由转基因生物组成的转基因产品，以及由转基因生物制成的转基因食品和转基因饲料均需要进行标识。如果食品中混入转基因成分的情况是偶然的或者技术上不可避免的，当转基因成分的含量低于0.9%时，可以不进行标识。

三、澳大利亚转基因标识管理

2001年澳大利亚/新西兰食品标准委员会颁布的《食品标准法典》中规定：转基因食品是转基因产品或含有转基因产品成分的食品，需要含有新的基因或蛋白或者某种特性改变，但不包括：①精炼食品（除成分改变外），因为精炼程序已经将DNA和/或蛋白质去除；②使用含转基因成分的加工助剂或食品添加剂，但最终产品中不含转基因成分；③转基因成分低于1克/千克的调味品；④低于10克/千克的转基因成分无意混杂的食品。

食品包装说明书食品或配料组分资料中需要标注“转基因”或“来源于转基因××”。在非转基因食品包装上不要求做任何与转基因相关的说明，不含转基因成分的食品可以标注“非转基因”或“不含转基因成分”，但必须是真实的且不得误导消费者。

四、巴西转基因标识管理

2003年，巴西司法部发布了第2658/03号指令，规定转基因成分含量超过1%的供人类食用或动物饲用的转基因产品，必须在商标上注明相关信息，并附上“转基因”标志（黄色三角形中含黑色“T”符号），法规于2004年3月27日生效，适用于所有包装的、散装的和冷冻的食品。2004年4月2日，巴西总统内阁发布了的1号规范性指令，授予地方消费者保护部门执行标识的权利。

五、阿根廷转基因标识管理

阿根廷实施自愿标识制度，在转基因产品标识方面没有具体的法规。阿根廷关于国际市场中标识的态度是，标识应该以具体转基因食品特性为依据，同时考虑以下因素：与常规食品实质等同的转基因食品不应受到强制标识的约束；如果转基因食品在某些特性上与常规食品不具有实质等同性，可以按照其食品特征加贴标识，而不是根据生产过程；采取区分性的标识是不合理的，因为没有证据表明通过转基因技术生产的食品可能给消费者的健康带来任何危害；因为大多数农产品都是商品，所以区分流程会较复杂而且成本较高，而生产成本增加可能会最终转嫁给消费者，但是标识却不能保证或意味着更高的食品安全水平。

六、加拿大转基因标识管理

加拿大沿用传统标识管理法规，对转基因食品标识制定了补充规定，对转基因食品实行自愿标识制度。2004年，加拿大标准委员会将《转基因和非转基因食品自愿标识和广告标准》作为加拿大的国家标准。可为消费者做出明智的食品选择提供统一的信息，同时为食品公司、制造商和进口商提供标识和广告指导。该标准提供的转基因食品定义是：通过使用能让基因从一个物种转移到另一个物种中的特定技术获得的食品。该标准中给出的规定如下。

（1）准许食品标签和广告词涉及使用或未使用转基因的信息，但前提是声称必须真实、无误导性、无欺骗性、不会给食品的品质、价值、成分、优点或安全性造成错误印象，并且符合《食品和药品法》《食品和药品法规》《消费者包装和标签法》《消费者包装和标签法规》《竞争法》和任何其他相关法律法规以及《食品标签与广告指南》中规定的所有其他监管要求。

（2）该标准并非意味着其涵盖的产品存在健康或安全隐患。

（3）一旦在标签上声称非转基因，就代表着转基因生物无意混杂水平在5%以下。

（4）该标准适用于食品的自愿标识和广告，目的是明确这类食品是转基因产品、还是含或不含转基因成分，无论食品或成分是否含DNA或蛋白质。

（5）该标准适用于以包装或散装形式销售的食品以及在销售点准备的食品的标识和广告。

（6）该标准不适用于加工辅料、少量使用的酶制剂、微生物基质、兽用生物制品及动物饲料。

七、日本转基因标识管理

日本对转基因食品采取按目录强制标识制度。2001年4月，日本农林水产省颁布《转基因食品标识法》，对已经通过安全性认证的大豆、玉米、马铃薯、油菜籽、棉籽5种转基因农产品及以这些农产品为主要原料、加工后仍然残留重组DNA或由其编码的蛋白质的食品，制定了具体标识方法。2002年，厚生劳动省（其医药食品局负责食品安全监管）将转基因食品标识纳入《食品卫生法实施规则》中，对农产食品和加工食品的标识进行了规定，实施监督。

日本标识目录最开始包括5种作物，大豆、玉米、马铃薯、油菜籽和棉花，以及上述作物经过加工后重组DNA或蛋白质仍然存在的24种产品，如豆腐、玉米小食品、纳豆等。此后，日本农林水产省对目录进行修改，增加了马铃薯及其加工品、三叶草及其加工品、糖用甜菜及其加工品等，目前共有33种产品进行标注。

日本规定当产品中主要原料的转基因生物含量超过5%时需要进行标注，主要原料指原材料中含量位于前3位且占原材料重量比在5%以上。

日本非转基因食品标识需要严格的IP认证，并施行分别生产流通管理。考虑到转基因产品全部来自进口以及国内对转基因产品和非转基因产品的共同需求，日本制定了进口大豆、玉米等非转基因农产品的分别生产流通管理手册，将认证过程分为农民生产、收购商运输、驳船运输、出口商运输、港口仓储、批发运输、产品粗加工、食品加工8个阶段，每一阶段都需要向下一阶段出具管理记录和非转基因证明。

八、国际组织转基因标识管理

在各国构建转基因标识制度的同时，国际组织也开始建立转基因标识的协调机制。《卡塔赫纳生物安全议定书》（BSP）于2000年1月通过，首次在国际法层面专门对转基因标识进行阐述。议定书规定含有活性转基因生物的产品必须进行标识，各国有权禁止进口其认为可能对人类及环境构成威胁的转基因产品。世界贸易组织（WTO）要求转基因产品标识管理制度符合《技术性贸易壁垒协议》（TBT）精神，并将标识作为技术贸易措施纳入谈判和规则制定的讨论范围。总的看来，转基因产品标识已成为较为广泛的国际共识。

第四节　转基因识别技术

一般情况下，转基因作物与非转基因作物通过人的眼睛从外观特征很难进行分辨，更不用说各种加工后的转基因产品，因此，要确保转基因产品被准确的标识，需要采用特定的转基因识别技术来分辨转基因产品。转基因识别技术从本质上讲，就是转基因检测技术在鉴别产品是否含有转基因成分时的应用。

目前，转基因检测识别技术根据检测原理的不同，主要分为3大类：

一是基于外源基因核酸序列的检测识别技术，也就是检测是否含有转入的DNA序列，如常规定性PCR技术，实时荧光定量PCR技术，数字PCR技术，基因芯片和微阵列，高通量测序和生物传感器技术等；二是基于外源基因表达蛋白质的检测识别技术，也就是检测是否含有转入的外源DNA序列表达产生的蛋白质，如酶联免疫吸附法（ELISA）和免疫层析试纸法等；三是基于光谱分析的无损识别技术。

下面我们就简单的介绍下3类技术。

一、核酸检测识别技术

核酸，通常是指脱氧核糖核酸（简称DNA），是生命的遗传物质，生命体的生长、发育、衰老等遗传信息都存储在DNA中。DNA分子是由4种脱氧核苷酸（4种脱氧核苷酸分别以A、T、C、G表示）组成的，4种脱氧核苷酸按照一定顺序排列组合成2条DNA单链，然后螺旋缠绕在一起，组成了DNA分子。两条DNA单链依靠不同脱氧核苷酸之间形成的化学吸引力联系在一起，一条链上的A与另一条链上的T相匹配，C与G相匹配（科学家称为碱基互补配对原理），从而形成稳定的双螺旋结构（图 4.1）。1953年，DNA双螺旋结构由沃森和克里克最先发现，从而为人类打开了生命科学研究和分子生物学探索的新领域。

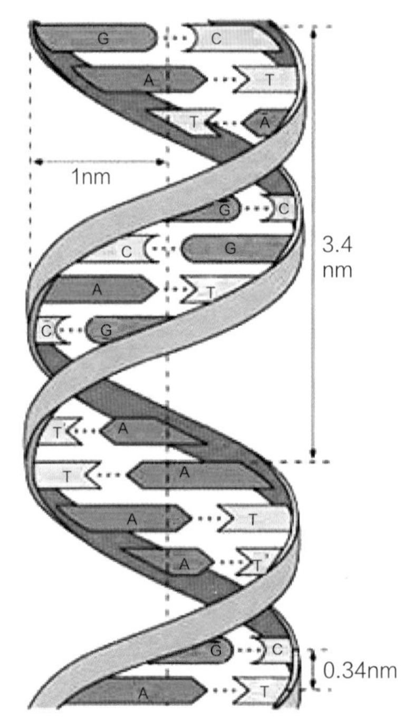

图 4.1 DNA双螺旋结构

我们常说的基因，其实就是一段段DNA链，它们存储了不同的遗传信息，就成了不同的基因。DNA具有很高的稳定性，以DNA为靶标的检测技术具有较高的灵敏度和特异性，同时，DNA存在于生命体的每个细胞中，所以提取生命体的DNA十分容易。因此，核酸检测技术被广泛应用于转基因成分检测中，也是最为成熟、应用最广的转基因检测技术。

以植物为例，转基因植物中通常转入了3类外源DNA片段，分别是通用元件、目的基因和外源载体序列，因此根据不同的外源DNA片段，核酸检测可以分为4个层次，包括筛选检测、基因特异性检测、载体特异性检测和事件特异性检测。图 4.2说明了4种转基因产品检测策略的重点及检测的特异性。

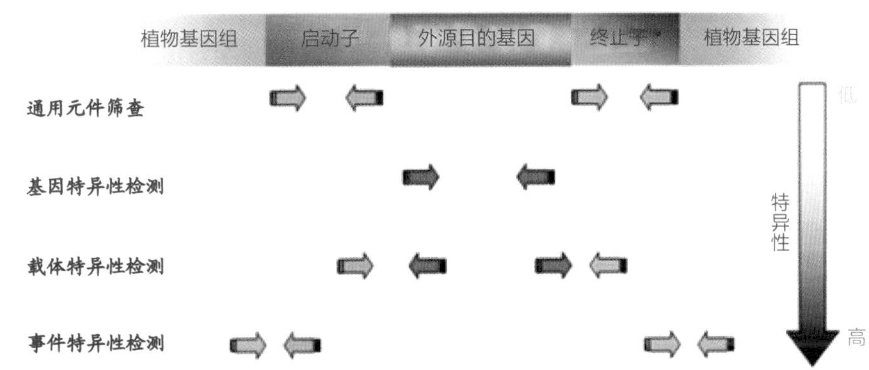

图 4.2 转基因产品PCR检测策略示意图及特异性情况

筛查检测主要以转基因产品的通用元件和标记基因为检测靶标。常用的调控元件有*CaMV 35S*启动子、*CaMV 35S*终止子、*Nos*终止子等，常见的标记基因有*Bar*、*NPT*Ⅱ、*hpt*、*GUS*、*Pat*等，通过筛查检测这些外源基因的有无来告诉人们，检测样品是不是含有转基因成分。

基因特异性检测是以插入的特异性目的基因作为检测靶标，常见的目的基因有*bar*、*Bt*、*CP4-EPSPS*等。基因特异性检测不但可以判定检测样品是否为转基因，还可以鉴定转化事件的目标性状，能够告诉人们，检测样品是不是转基因样品，是不是转入了某些特定的基因。

载体特异性检测是以转化载体中两个遗传元件的连接区域为靶标，这种方法的特异性相对较高，可以判定转基因作物中遗传转化载体的来源。载体特异性检测能够告诉人们，检测样品是不是转基因样品，是用哪种转化载体进行的基因操作。

事件特异性检测是以外源DNA与植物基因组的连接区为检测靶标。在研发转基因植物过程中，外源DNA序列是以随机的方式整合到植物基因组中的，因此，每一个转基因事件都具有独特的连接区序列。事件特异性检测能够告诉人们，检测样品具体是来自哪种转基因植物，是哪个研发单位研发的哪个转基因产品。

鉴于上述4种检测策略的特点，事件特异性检测已成为目前转基因产品检测研究的重点，并逐步地为国内外相关检测标准所采用。

（一）PCR检测技术

在基于核酸的检测方法中，以聚合酶链式反应（Polymerase Chain Reaction，PCR）技术应用最为广泛，PCR技术最早由美国人穆里斯（K. Mullis）于1983年发明，他也因此获得了1993年的诺贝尔化学奖。PCR技术的基本原理类似于DNA的天然复制过程，是一种体外DNA扩增技术。它的基本原理是在模板DNA、引物和4种脱氧核苷酸存在的条件下，依赖于DNA聚合酶（一种特殊的酶，能够促使双链DNA的合成）的酶促合反应，将待扩增的DNA片段与其两侧互补的寡核苷酸链引物经“高温变性—低温退火—引物延伸”3步反应，从而合成2个与模板一样的DNA片段。简单来说，第一步，将模板DNA经加热至94℃左右一定时间后，使模板DNA双链解离，变成单链DNA；第二步，在模板DNA变成单链后，温度降至55℃左右，引物与模板DNA单链的互补序列配对结合；第三步，DNA模板—引物结合物在72℃、DNA聚合酶的作用下，以4种脱氧核苷酸为反应原料，单链DNA中的靶序列为模板，按碱基互补配对原理，合成一条新的与模板DNA链互补的DNA链，从而使模板DNA由一变二。重复循环“变性—退火—延伸”三过程，DNA片段就就能够按照指数规律不断增加，从而在短时间内获得所需的大量的特定DNA片段。图 4.3说明了PCR技术的基本原理。

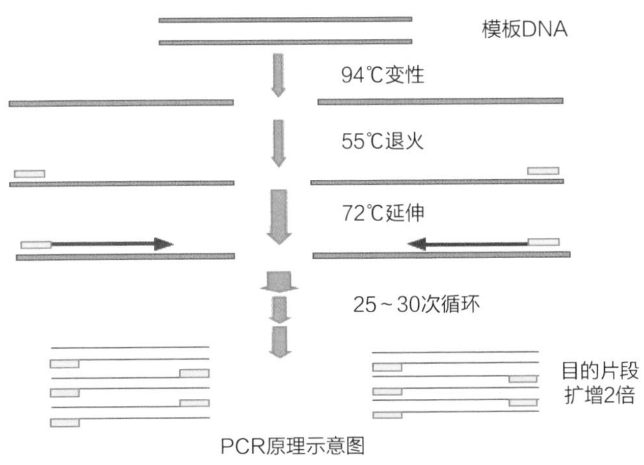

图 4.3　PCR技术的基本原理

PCR反应得到的DNA片段只是模板DNA中的一段序列，得到哪段序列的关键是加入的引物。什么是引物呢？其实就是一段跟模板DNA序列互补的很短的一个DNA单链。通常1个PCR反应需要一对引物，就是2个引物。聪明的你，应该能猜到，这2个引物是分别跟DNA的两条链中的一段序列互补，在一对引物的引导下，扩增得到DNA片段，就是2个引物在DNA模板上对应位置之间的那段DNA序列。

科学家们会根据已知的DNA序列信息设计出一对引物，这样就可以扩增得到引物之间的DNA片段。对于一份未知的检测样品，利用已知转基因成分的DNA序列检测引物进行PCR反应，如果扩增得到了已知的DNA片段，那么该检测样品中就含有这种转基因成分；如果扩增得不到已知的DNA片段，那么未知的检测样品中就不含有这种转基因成分。

转基因检测PCR技术主要包括定性PCR检测、实时荧光定量PCR检测和数字PCR检测等，这些技术的基本原理都是一致的，只是在结果读取和技术分析上存在差别。

1. 定性PCR检测技术

定性PCR是在PCR扩增结束后，对扩增得到的大量DNA片段进行凝胶电泳，从而实现对目的DNA片段的检测（图 4.4）。通常以琼脂糖和聚丙烯酰胺为媒介，做成一个小型的电泳池，泳池两头接上直流电，在靠近负极的泳池一侧加入一定量的DNA片段扩增产物，那么带负电荷的DNA分子会向正电极的方向迁移，迁移的速度取决于DNA片段本身的大小，较小的DNA片段比分子量较大的DNA片段迁移要快些，因此凝胶电泳能够将不同大小的DNA片段区别开来。然后利用特定的染色处理，给DNA片段染上色，就可以通过眼睛观察到DNA片段。科学家们根据观察到的DNA片段大小与预计的是否一致，从而得到检测结果。

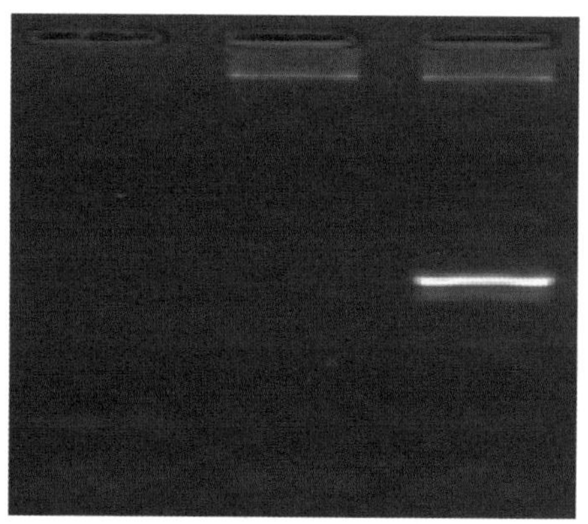

图 4.4　电泳结果实例

普通定性PCR技术具有应用广泛、技术要求不高、检测成本相对较低等优点。根据我国转基因产品采用定性标识管理的具体需求，我国转基因检测目前大多采用普通定性PCR技术。这种经典的检测技术已成为生物类专业大学生必学的实验技术。

2. 实时荧光定量PCR检测技术

实时荧光定量PCR可谓是定性PCR检测技术的增强版本，因为定性PCR

检测技术只能告诉我们检测样品是否含有转基因成分，无法告诉我们检测样品中含有多少转基因成分，使用实时荧光定量PCR检测技术能够相对准确的估算检测样品中转基因成分的含量。

我们在前面提到，PCR技术是通过不断循环使得模板DNA片段的数量呈指数增长，科学家们通过在PCR反应中加入一种特定的荧光物质，这种荧光物质可以结合到每一个新扩增产生的DNA片段上，并发出荧光信号，随着PCR产物的不断积累，荧光信号强度就会不断增强，通过特殊的仪器，对每一个PCR循环产生的荧光信号进行收集，这样就可以通过检测荧光信号的强弱变化，绘出一条荧光变化的曲线图，这条曲线就可以代表PCR反应产生的DNA片段的数量。科学家通过阅读曲线的变化与预计是否一致，从而得到检测结果。图 4.5说明了实时荧光定量PCR技术的基本原理。

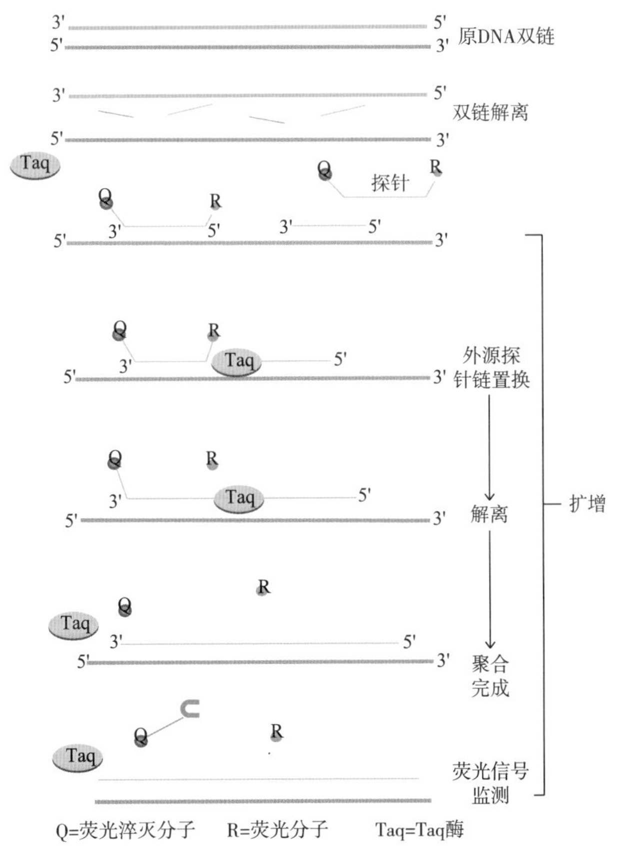

图 4.5　实时荧光定量PCR检测技术示意图（Taqman探针法）

实时荧光定量PCR检测中，通常要设定一个阈值，就是目标荧光信号强度，然后计算达到这个阈值的PCR循环次数。道理很简单，转基因成分含量高的检测样品只需要通过较少的循环次数就能够达到目标荧光信号强度，而且含量越高，循环次数越少。科学家在观测荧光信号强度和循环次数的基础上，再通过一定的数量分析，就可以估算出检测样品中转基因成分的含量。

荧光信号的检测可以通过特定的仪器在短时间内完成，所以无需再进行凝胶电泳，节省了大量的时间和试验材料，还可以相对定量的检测出检测样品中的转基因成分，能够满足定量标识管理的要求。所以，实时荧光定量PCR技术越来越受到检测工作人员的欢迎，在转基因成分定量检测中已被广泛的应用。但是，实时荧光定量PCR检测技术也存在成本花费较高、检测通量相对不足等问题。

3. 数字PCR检测技术

数字PCR是近几年新发展起来的一种核酸分子绝对定量检测技术。传统PCR技术和实时荧光定量PCR技术的反应均在一个反应管中进行，而该技术通过将一份检测样本分成几十到几万个反应小管中，每个反应小管包含一个或多个的DNA分子，在每个反应小管中分别进行PCR扩增，扩增结束后对各个反应单元的荧光信号进行单独统计学分析，就可以精准的计算出检测样品中最初的DNA分子数量。图 4.6说明了数字PCR检测技术的基本原理。

数字PCR作为DNA定量检测的新技术，比实时荧光定量PCR技术更加先进和准确。数字PCR技术不再统计PCR循环数，因此不受PCR扩增效率的影响，结果计算可以采用直接计数的方式，克服了实时荧光定量PCR技术需要估算而带来的误差，真正实现了绝对定量。

数字PCR技术的出现，得益于制造工艺的提升，科学家可以在很小的仪器上制作出几万个反应空间，来容纳单个的DNA片段。迄今为止，国外已有Fluidigm和Bio-rad等几家公司相继推出了自己的数字PCR产品。数字PCR

技术目前尚未在转基因检测中被大规模应用，但在转基因含量精确定量以及标准物质定值等方面已经展示出了巨大的应用前景。

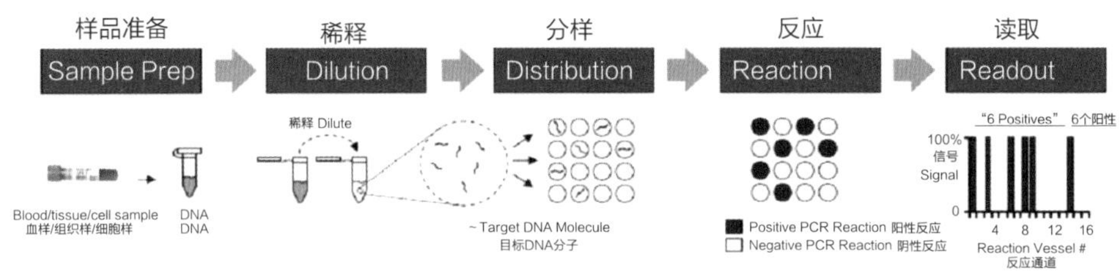

图 4.6　数字PCR检测技术原理

（二）核酸等温扩增检测技术

核酸等温扩增技术是指一类分子生物学技术的总称，它们能在某一特定的温度下，扩大特定DNA片段的数目。与PCR技术相比，核酸等温扩增技术的特点就是可以在同一温度条件下实现核酸的扩增，这样一来，对于实验仪器的要求大大简化，不再需要温度调整的装置，仅通过加热模块、水浴槽等简单的设备完成反应，反应时间也会大大缩短。

在转基因检测中，环介导等温扩增技术（LAMP）和依赖核酸序列的扩增技术（NASBA）等技术已被利用。LAMP技术和NASBA技术的基本原理都是针对目标DNA片段设计不同的引物，依赖特殊的酶，在一定温度下进行反应，循环不断地产生目的DNA片段，然后通过检测扩增反应产物的有无来判断检测样品中是否含有目的DNA片段。

核酸等温扩增技术具有等温扩增、灵敏度高、特异性强、扩增效率高、反应耗时短、产物易判断、仪器设备要求低、操作过程简便等技术特点。近年来，这项技术在转基因检测领域也得到了一定程度的发展和应用，已成为我国出入境检验检疫行业标准推荐的转基因检测技术之一。核酸等温扩增技术在转基因检测中有众多优点，然而也存在假阳性较高、引物设计要求高、检测通量有限等不足，使得这种技术在转基因检测中的应用有一定的局限性。

（三）基因芯片检测技术

随着转基因技术的不断发展，转化事件不断增多，目前已有超过300种转基因植物在全世界进行商业化种植，传统的PCR方法只能针对一个或几个转化事件（一个转化事件就是一个目的DNA片段）进行检测，效率问题成为关键的限制因素。

基因芯片又称DNA芯片或DNA微阵列，基因芯片检测技术是基于核酸杂交的原理（图 4.7），采用点样法、显微印刷等方法将大量特定DNA序列的探针分子密集有序的固定于经过相应处理的硅片或玻片等载体上，然后加入带有标记的待测DNA样品，探针分子在与DNA样品发生反应时，会释放杂交信号，通过杂交信号的强弱及分布，来分析目的DNA片段的有无、数量和类型，从而获得待测样品的检测结果。

基因芯片技术具备高通量、集成化及自动化等优点，但也存在成本较高、灵敏度较低、背景干扰严重、重复性较差等不足，一定程度影响了基因芯片检测技术的广泛应用。

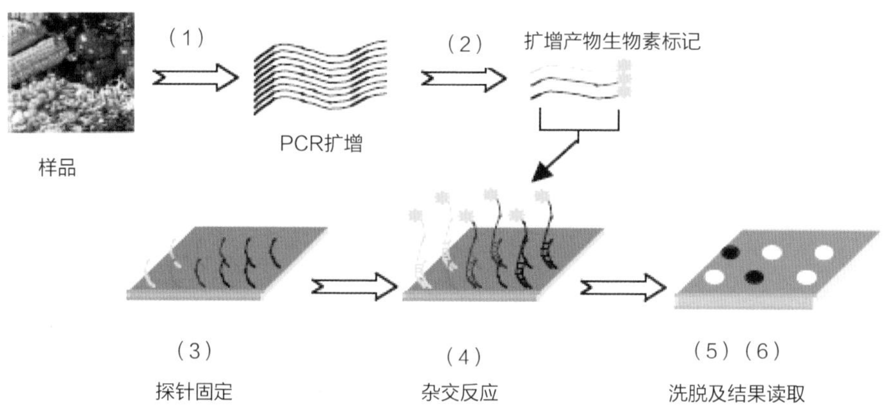

图 4.7　基因芯片技术的检测原理

（四）高通量测序技术

众所周知，DNA是由4种脱氧核苷酸排列而成的，而脱氧核苷酸的排列顺序在不同生物、同种生物不同个体之间都存在明显差异，这就是所谓的生命密码。人类很早就开始研究如何精准的测定DNA中4种脱氧核苷酸的排列顺序。1977年，英国生物化学家弗雷德里克·桑格创造性地发明双脱氧DNA测序方法以来，经过40年的发展，DNA测序技术已经取得了长足的发展。

桑格巧妙地利用了DNA复制机理来测定DNA序列，在PCR反应中，他加入了一类新的东西：4种双脱氧核苷酸（分别标记为ddA、ddT、ddG、ddC，它们在脱氧核苷酸A、T、G、C的基础上少了一个氧原子），双脱氧核苷酸能够根据互补配对的原则加到DNA链上，但是由于少了一个氧原子，无法连接后面的核苷酸，导致复制过程到此为止。因此，在特定的PCR反应中，只要加入一种特定的双脱氧核苷酸，例如ddA，在DNA链上如果有T，那么T会结合ddA，从而终止复制过程，得到一个小片段。以此类推，在4份相同的样品中分别加入4种双脱氧核苷酸，就可以得到4个不同长度的PCR扩增产物，通过高精度的电泳或荧光技术，就可以分析出A、T、G、C的顺序，也就实现了对于DNA的测序。图 4.8说明了测序技术的基本原理。

通过40年的发展，DNA测序技术已经取得了长足的进步。在第一代测序技术基础上，已经发展出第二代和第三代测序技术，测序技术正呈现出大规模、快速、低价格、高通量、高精确度的发展趋势。在转基因检测方面，未来有望通过大规模测序，直接对转基因生物的核苷酸序列进行全基因组测序，而且所得的测序结果比其他基于核苷酸的检测方法更加直接、更加准确。

无论是PCR检测、荧光定量PCR检测或数字PCR技术等，都是针对已知的转基因产品设计引物或探针，验证检测样品中是否含有某种转基因成分，如果检测样品含有未经审批或者无意释放的转基因成分，在没有设计对应引物或探针的情况下，是存在漏检的风险的。然而，高通量测序技术则是对检测样品的基因组DNA序列信息进行了全部测定，可以覆盖全部的转基因成分，具有了更高更全面的监管能力。

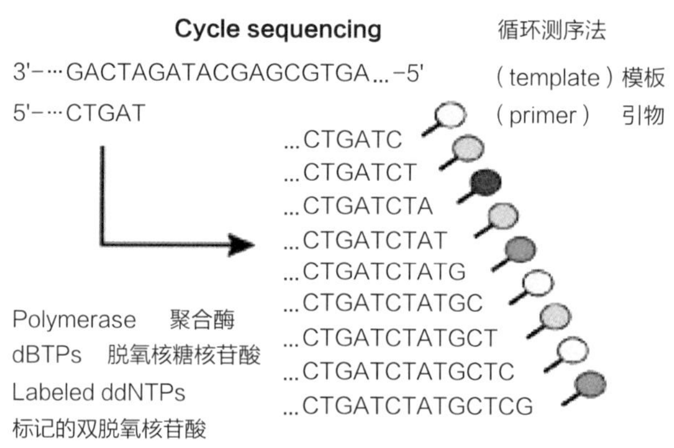

图 4.8　DNA测序技术基本原理

（五）生物传感器技术

生物传感器技术是一种将生物特性和电子装置相结合的技术，其基本原理是将检测的DNA序列与固定在传感器金属表面的核酸探针进行杂交，特定的DNA序列与探针杂交后，会使传感器表面的折射率发生变化，而这种变化与核酸杂交的量呈线性关系，通过检测折射率的变化，可以实时分析特定DNA序列的有无和多少，从而实现对于特定DNA序列的检测。

生物传感器技术具有快速、便捷、费用低、实时、高度特异和高灵敏度等优点，但仍处于研究阶段，在转基因检测领域，还未有较好的应用。

二、蛋白质检测识别技术

基因是通过翻译表达蛋白质来影响生物体的生命活动，同样，大部分的转基因产品也是通过翻译转入的外源基因，从而表达特定的外源蛋白质，进而发挥特定的生物学功能。例如，转*Bt*基因的棉花，通过在棉花叶片和棉桃等部位表达Bt杀虫蛋白，毒杀啃食的棉铃虫，从而达到抗虫效果。

基于蛋白质的检测识别方法是利用抗体、抗原为基础的免疫学方法，通过定性、定量检测外源基因表达产生的蛋白质的有无或多少，进而判断检测样品中是否含有转基因成分。常见的基于外源蛋白的转基因检测技术包括酶联免疫吸附技术（ELISA）和免疫层析试纸条技术等。

（一）ELISA检测技术

ELISA（Enzyme Linked Immunosorbent Assay）检测技术，又称酶联免疫吸附技术，这项技术的基本原理可以分为5步：①将具有免疫活性的特定抗原或抗体结合到固相载体表面；②将特定的酶与抗原（体）结合形成酶标抗原（体）；③提取检测样品中的蛋白质得到待检蛋白，将待检蛋白样品以及酶标抗原（体）与固相载体上的抗体（原）反应；④洗涤掉未与固相载体结合的物质，目标蛋白则与酶一起结合到固相载体上；⑤加入酶反应底物进行显色反应，颜色的深浅与目标检测蛋白的量成正比。因此，可根据颜色的深浅进行分析，判断检测样品中目标蛋白的有无或者多少。

该技术将抗原抗体识别的特异性、酶促反应快速、灵敏、高效等优点相结合，已被广泛用于转基因作物及其相关制品外源蛋白的检测和定量分析。目前，我国对于已获生产应用安全证书的转基因抗虫棉的衍生品系进行安全评价检测时，采用ELISA检测技术对抗虫棉不同组织部位中Bt蛋白的表达量进行检测，从而对抗虫棉品种的抗虫效果进行科学评价。

（二）免疫层析试纸条技术

免疫层析试纸条技术又称试纸条检测技术，其原理与ELISA检测技术类似，需要将具有免疫活性的抗原结合到以硝酸纤维素为固相载体的试纸条上。检测前，需先将检测样品（通常是植株叶片或种子）磨碎，再加适量水或提取液，以提取样品中的蛋白质。检测时，先将试纸条按指定方向浸入到待检蛋白样品溶液中，在毛细吸收作用下蛋白溶液由试纸条的底端向顶端流动。样品溶液中的目标蛋白在流经结合垫时首先与其中带有标记的特定抗体发生抗原—抗体的特异性结合作用，流经检测带时，产生的抗原—抗体复合物与固定在检测带上的捕获抗体结合，聚集显色，形成肉眼可见的条带；如果待检蛋白样品溶液中没有目标蛋白，就不会产生抗原—抗体复合物，也不会聚集显色，也观察不到条带。如果在检测带出现条带，说明检测样品中含有目的蛋白。过量的标记抗体继续流动被固定在控制带上的第二抗体结合，聚集显色，出现条带，无论是否含有目的蛋白，控制带的条带都会出现，条带的出现表示标记抗体流经了检测带，证明检测结果有效（图 4.9）。

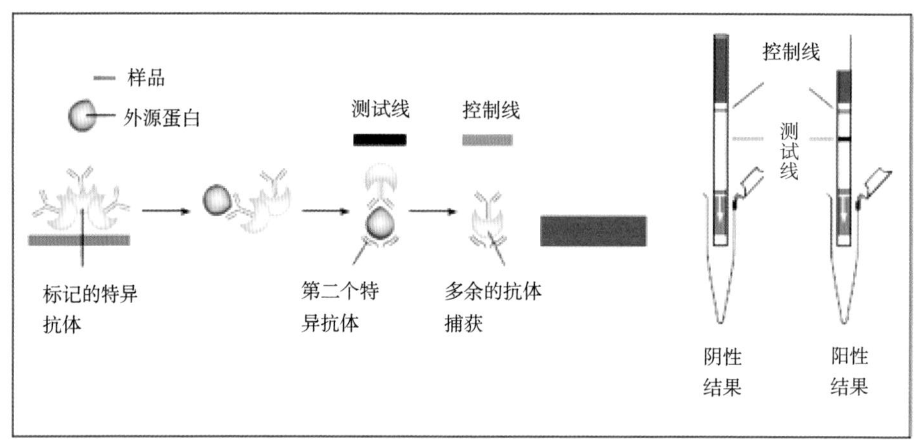

图 4.9　试纸条法蛋白检测工作示意图

该技术具有操作简便快速、操作简单、特异性强、灵敏度高等特点，在转基因作物及其相关制品外源蛋白的快速检测中得到了广泛应用，特别是在转基因安全监管工作中，试纸条技术已成为一项重要的初筛检测技术。2015年，农业部组织了对国内外相关Bt蛋白快速检测试纸进行了特异性、灵敏度等测试，并在当年转基因生物安全监管工作中对试纸条检测技术进行了推荐。

基于蛋白质的检测方法也具有一定的局限性，免疫学检测方法无法区分在不同转化事件中所表达出的同样的蛋白质，因此无法实现对于转化事件的特异性检测。同时，由于外源蛋白在植物不同组织部位的表达量不同，该技术检测结果受检测样品组织部位的影响很大。此外，蛋白检测技术只能检测未变性的蛋白质，如果在食品加工和样品深处理过程中蛋白质发生变性，其免疫学反应会消失，从而限制了蛋白质检测方法的使用。

三、光谱分析识别技术

光谱分析识别技术是20世纪70年代兴起的一项化学成分快速测定技术，随着计算机技术和化学计量学的发展，该项技术在农业、食品科学中的应用已普遍被人们接受，基于光谱分析的转基因识别技术也被相关研究人员所重视。

相比核酸检测识别技术和蛋白检测识别技术，基于光谱分析的识别技术可以免于破坏性取样，省时省力，程序简单，而且对于检测人员要求不高，能够实现转基因与非转基因的快速识别。目前，国内外科学家已对光谱分析技术在转基因农作物的应用进行了研究。

众所周知，可见光是由7种颜色的光混合而成的，不同的物品对于不同颜色的光具有不同的吸收率，所以会呈现出不同的颜色，例如，绿叶对于红蓝光吸收率高，绿光吸收率低，于是我们看到的叶子是绿色的，因为叶子吸收了光中大量的红蓝光，而吸收了很少的绿光。其实，光是由数千个波段的光构成的，人类眼睛看到的七色光只是其中一部分，不同物品对于不同波段的光具有不同的吸收率。同样道理，不同类型的转基因作物籽粒和叶片对特定波段的光谱也会有不同的吸收率，科学家们综合运用光谱分析技术、计算机技术、化学计量学及数理统计等技术，通过构建转基因识别预测的数学模型，利用光谱技术测量出作物籽粒和叶片在特定波段的吸收率，然后利用先进的分析技术识别出相应的转基因籽粒和叶片。根据相关研究结果，识别精度能够达到80%。

综合来看，光谱分析识别技术只能识别作物籽粒和叶片，但很难识别转基因加工品，在识别准确度上仍存在较大的误差，且需要构建相应的光谱数据库和分析预测模型，加之检测原理和技术应用途径尚需进一步研究，目前该技术还不具备实际应用的条件。

第五章 转基因产业发展策略

第一节 中国转基因生物技术发展战略

一、转基因发展战略

转基因是一项新技术，具有广阔的发展前景。中国作为农业生产大国，必须在转基因技术上占有一席之地。发展转基因是党中央、国务院做出的重大决策。中央对转基因工作要求是明确的，也是一贯的，即研究上要大胆，坚持自主创新；推广上要慎重，做到确保安全；管理上要严格，坚持依法监管。

我国一贯高度重视农业转基因技术发展。“863”“973”等国家科技计划都将转基因技术研发与安全性评价研究作为重大项目予以支持。特别是2008年作为我国农业领域唯一的国家科技重大专项“转基因生物新品种培育重大专项”实施以来，以水稻、小麦、玉米、大豆、棉花五大作物为重点，以抗病虫、耐除草剂、养分高效利用、高附加值、功能性等转基因作物新品种培育为目标，取得了一系列重大进展，初步建成独具特色的转基因育种科技创新体系，整体研发水平在发展中国家居领先地位。显著提升了我国自主基因、自主技术、自主品种的研发能力，在新品种培育的不同阶段已形成金字塔型成果储备，具备了持续培育转基因生物新品种的技术能力，提高农业转基因生物研究和产业化整体水平，为中国农业可持续发展提供强有力的科技支撑。

近10年来，每年的中共中央国务院一号文件（简称中央一号文件，全书同）多次提及转基因技术，特别是2009年中央一号文件提出“要加快推进转基因生物新品种培育科技重大专项，整合科研资源，加大研发力度，尽快培育一批抗病虫、抗逆、高产、优质、高效的转基因新品种，并促进产业化”。2015年中央一号文件提出“加强农业转基因生物技术研究、安全管理、科学普及”。2016年中央一号文件提出“加强农业转基因技术研发和监管，在确保安全的基础上慎重推广”。

二、“十三五”期间转基因发展

2016年，国务院印发了《“十三五”国家科技创新规划》，提出要加强作物抗虫、抗病、抗旱、抗寒基因技术研究，加大转基因棉花、玉米、大豆研发力度，推进新型抗虫棉、抗虫玉米、抗除草剂大豆等重大产品产业化，强化基因克隆、转基因操作、生物安全新技术研发，在水稻、小麦等主粮作物中重点支持基于非胚乳特异性表达、基因编辑等新技术的性状改良研究，使中国农业转基因生物研究整体水平跃居世界前列，为保障国家粮食安全提供品种和技术储备。建成规范的生物安全性评价技术体系，确保转基因产品安全。

第二节　国外转基因生物技术发展战略

人类发展的历史表明，技术发展往往会决定一个国家在世界经济、文化、政治中的地位。文艺复兴后的技术革命，使欧洲成为世界经济文化中心。美国凭借先进的科学技术，尤其是信息技术的领先，成为当今世界超级大国。随着生物技术的兴起，世界许多国家均将发展以转基因技术为代表的生物技术，作为其社会经济发展的战略重点。当前，全球转基因作物研发迅猛，产业化步伐加快，转基因生物产品的推广带来了巨大的经济效益和生态效益，以转基因技术为核心的农业生物技术产业已成为美国等发达国家生物经济的主导产业，随着模式生物全基因组测序的完成，生物技术产业正在全球范围内迅速发展，成为新的经济增长点。1996年，全球转基因作物的种植面积仅为170万公顷，2016年发展到种植面积高达1.851亿公顷，种植的国家达26个。值得指出的是，虽然在1998年起国际上对转基因作物的争议不断，但18年中的12年转基因作物的种植面积都是以两位数的速度增长，而且发展中国家的增长速度远高于发达国家。另外，1996—2015年，作物产量增加5.74 亿吨，产值增加1 678亿美元，节约了6.2亿千克的农药活性成分。这些数据说明转基因生物技术已为发达国家和发展中国家的广大农民所接受，其发展态势不可逆转。

一、美国转基因生物技术发展战略

在世界生物技术产业与生物经济领域，美国处于绝对领先的地位。早在1986年，美国科学家首次提出人类基因组概念后，美国政府就立即组织力量开展攻关，于1990年提出“人类基因组计划”，此后又启动“微生物基因组计划”。在美国政府及社会的大力支持下，其生物技术研究与产业发展迅速领先于全球，研发水平与产业规模一直稳居世界第一。

（一）美国转基因生物技术发展整体概况

早在2000年左右，美国政府对于生命科学研发的投入就达到了国家研发总投入的49%，年研发投入费用超过400亿美元。与之对应的是，美国生物技术产业及相关经济领域的利润，在21世纪之初，就已经达到20多亿美元，超过整个欧洲的3倍。其拥有的生物技术、生物医药领域的专利，超过全球相关专利的50%。经过多年发展，美国已经拥有世界上最高的研究水平、最成熟的生物技术产业、最多的从业人员和最大的产业利润。

为了支持生物技术产业发展，美国政府将生物技术发展置于国家战略的高度，采取了一系列促进生物技术产业发展的举措：一是成立专门的、高层次的政府科技发展领导和协调机构，制定科技发展宏观战略和规划，对生物技术及其产业发展产生影响。如美国国家科学和技术委员会连续发表《21世纪生物技术》《21世纪生物技术：实现诺言》《21世纪生物技术：新的方向》《21世纪生物技术：新前沿》等发展战略报告和蓝皮书，指出生物技术在经历医药、健康领域的第一次浪潮后，将迎来以农业生物技术为代表的第二次浪潮。二是成立专门的生物技术行业组织，即生物技术工业组织（BIO），以协调产业和政府之间的关系，推动政府制定有利于生物技术研究、开发和产业发展的政策。如通过美国食品与药品管理局（FDA）的改革及减少资本获得税，为生物技术及其产业发展创造有利条件。为促进生物技术产业发展，FDA放宽了对生物技术的限制，包括新建生物技术产品制造厂申请许可、新药上市前药物检验、新药申报等。对于农业生物技术产品，则简化田间试验批准、许可程序，放宽大田试验管理条例等，为产业发展提供宽松条件。三是在政策、法规方面对生物技术及产业给予重点支持。在法律方面，通过制定各种法律来加强合作研究、鼓励发明创新和促进技术转移。在融资方面，美国生物技术产业可通过多渠道筹集资金，包括联邦拨款或资助、州政府拨款或资助、大公司出资、成立基金会、贷款、风险投资等。除直接投资，政府还利用税收优惠，如减免高技术产品投资税、高技术公司的公司税、财产税、工商税等，以帮助生物技术产业吸引投资。四是促进合作研究开发。目前，美国在生物技术产业领域已形成由联邦政府、州政府、企业、科研机构和大学组成的联合研发机制。

（二）美国转基因农业战略的形成

美国是世界上最大的农产品出口国，农产品出口每年给美国赚回近千亿美元的收入，形成巨大的贸易顺差。20世纪90年代初，美国经济出现衰退。由于欧盟通过实行并改革共同体农业政策，变大宗农产品与粮食进口为出口地区，成为美国的主要竞争对手。加之，澳大利亚、加拿大、阿根廷等传统的农产品出口国参与激烈的国际农产品市场竞争，美国的农产品出口数量下降，国际竞争力减弱。针对这一情况，为使经济摆脱不景气的局面，美国一方面通过主导关贸协定乌拉圭回合谈判，主张降低并最终取消各国农产品关税，取消农产品贸易壁垒，推行自由贸易政策，以清除美国农产品占领国际市场的障碍；另一方面，美国将较其他发达国家占绝对优势的生物技术应用于农业，通过实施以提高产量与质量、降低生产成本为目标的转基因农业战略，以继续维持其世界农业强国与农产品出口第一大国的地位。

为满足10~30年内作物品种改良对基因资源的需要，1988年，美国出版“特别报告101”“美国作物基因库扩展国家计划”，将转基因育种技术引入该计划之中，每年由中央政府、州政府和私营公司共同投资5 000万美元进行具有长远战略目标的转基因作物育种研究。1991年2月，“美国竞争力总统委员会”发布《国家生物技术政策报告》，明确提出“调动全国力量进行转基因技术开发并促其商品化”的方针。为此，担任该委员会主席的奎尔副总统亲自出马发表了《转基因作物与普通农作物实质上相同》的演讲，表明了政府支持转基因农业的立场。

自美国政府提出加快转基因技术开发并促其商业化方针以来，尤其是

1996年，罗马世界粮食首脑会议达成面向21世纪世界粮食安全保障的《罗马宣言》，针对全球尚有8亿人因贫困处于饥饿与营养不良状态，提出了在2015年之前将世界饥饿人口减少一半的行动纲领之后，以世界人口爆炸性增长、消费水平不断提高将导致世界粮食长期供求矛盾突出、国际粮食市场凸现巨大的粮食贸易商机为背景，美国通过推进转基因农产品商业化，迅速扩大其种植规模，加速了转基因农业的战略步骤。近30年来，美国转基因作物的研究步伐很快，仅用了10年在1996年就走完了从实验室到田间、从田间到餐桌的研发和产业化全过程。1992年，美国农业部首次通过了对转基因番茄的审查；1994年，批准首批转基因商品作物在美国大田正式种植；1996年，开始大面积栽培具有耐除草剂与抗虫功能的大豆、玉米等。2002年达到高峰，当年批准1 194项进行田间释放，此后有所减少，但常年维持在800项左右。但由于一项批准包括多个释放位点，每个释放点可试验多个基因结构，批准的基因结构数量从2002年的3 234个迅猛增加到2012年的469 202个。首次产业化后的近20年时间，研发速度并没有减慢，就田间释放的基因结构数量而言，反而是日益加快，这几乎已经令其他国家无法追赶。

美国转基因作物种植面积逐年扩大，从1996年的约150万公顷增加到2015年的约7 000万公顷，主要作物转基因普及率不断提高，2015年转基因大豆、棉花、玉米的普及率分别为94%、94%和92%，基本普及了转基因品种。转基因油菜和甜菜在美国的普及率均在95%左右，转基因苜蓿的普及率也在逐年升高。孟山都、杜邦等著名的化工、医药公司转向生物技术领域，成为商业性开发应用转基因农业技术的主角。以全球为战略目标的美国转基因农业技术正通过传播与渗透进入世界的各个角落。

（三）美国转基因农业战略的特点

研发主体发生转变是美国政府确立转基因农业战略以来的一个重要特点。过去主要由政府决策投资、政府管理的生物技术部门与大学的科研机构等所从事的农业生物技术的研究，向以孟山都、杜邦等少数传统的大型化工、医药企业进行转基因农业技术的商业性开发应用的方面转变。大型企业与跨国公司通过兼并、收购、参股或控股等方面实现强强联合，投入巨资进行转基因农业开发的根本目的是通过转基因产品占领市场获取利润。

转基因技术和产品的专利垄断是美国发展转基因农业战略出现的另一个重要特点。申请并获得所开发转基因作物种子技术专利，利用专利保护（保护期为20年），出售专利技术，实行技术垄断是其特点之一。为保护知识产权、维护自身利益，美国农业生物技术公司对擅自使用转基因种子者处以严厉的经济处罚。如孟山都公司对未经许可擅自播种该公司转基因种子的农民每公顷罚款1 200美元。孟山都公司还通过与其有长期业务联系的种子、除草剂、农药销售商，甚至动用私人侦探机构对农民进行监督。美国转基因种子的年销售额从1996年的7 500万美元飙升至2013年超过100亿美元。

少数大型农业生物技术企业与巨型谷物流通公司结合，形成转基因农产品研究、开发与销售一体化、网络化是美国转基因农业战略另一个特点。例如孟山都公司与世界最大的美国巨型粮食企业Cargill结合是典型案例。1999年2月，Cargill公司收购了美国谷业第二大企业大陆公司的谷物部门后，使其在全美的谷仓增加了25%，增至300余所，握有美国谷物出口能力的35%，贮藏能力的20%，并将亚洲、中南美墨西哥湾及太平洋沿岸出口据点掌握在自己手中，使美国境外的客户分布在130多个国家，形成全球粮食流通网。1999年5月，孟山都公司与Cargill公司共同投资1.5亿美元建立生物农产品开发公司，目前已开发了富含氨基酸营养成分的转基因大豆、玉米等15个品种，通过利用Cargill遍布全球的客户信息网，从客户处接受所需产品的订单后与农民签订生产、收购合同并提供种子，再将收获的农产品利用Cargill的全球流通网送到客户手中。

正是出于此原因，美国政府在包括WTO在内的各种国际农业问题谈判场合拼命为美国转基因农产品出口撑腰、辩护。美国生物技术公司通过垄断转基因技术，实施新的国际技术转移以实现全球范围的资源配置和跨国公司的全球利益最大化的行动，实际上是美国转基因农业战略的一种特殊形式，符合美国国家的整体利益和长远利益。

应该看到，美国生物技术企业赢利使美国政府通过税收增加了财政收入。美国农民通过大规模种植转基因农作物提高产量、降低生产成本带来经济利益的同时，也减轻了美国政府因农业不景气而实施巨额补贴的财政压力。粮食是特殊的商品与战略物资，美国通过稳定并迅速增加转基因粮食产量，以计算机网络通讯、生物基因工程等先进技术手段为依托，通过建立快速、便捷的全球农产品与粮食流通网络，形成在全球农产品市场上的巨大的竞争力与支配力，从而实现掌握21世纪世界农业与粮食生产流通主导权的战略意图。

（四）美国转基因农业战略的影响

美国主导的转基因农业的迅速发展，已对世界农业产生巨大影响。针对当前全球耕地面积在减少，人口不断增长，到2050年世界人口将增至90亿，目前仍有8亿人生活在贫困状态，13亿人没有解决温饱问题的现状，国际粮农组织（FAO）、世界银行（WB）等国际机构认为，传统农业技术和方法已不可能使粮食增产速度跟上人类需求的速度。特别是在亚洲和非洲，以基因工程为主的生物技术是解决粮食短缺、提高食品质量和消除贫困的必要手段。诺贝尔奖获得者、美国的农学专家罗曼·鲍罗克也认为，人类用了约一万年才将粮食提高到目前50亿吨的水平，至2050年，必须将目前的粮食产量再翻一番。要实现这一目标，前提是各国的农民能够利用已开发出的高产品种及其栽培方法以及不断研究开发出的生物技术的成果。基于上述认识，生物农业技术被视为解决粮食问题、拯救人类于饥饿的希望所在。

美国转基因农业战略的实施，极大地促进了转基因作物在全球的商业化应用。2014年世界上已有28个国家在进行转基因作物的商业化种植，种植面积超过1996年的100多倍，成为农业领域应用最快、取得成效最好的技术。转基因农业技术正在对各国农业的种植结构、生产方式乃至经济与贸易产生影响，并由此改变世界农业的发展方向。

但是随着美国转基因农业的迅速发展，大量的美国转基因农产品进入世界农产品市场，对国际农产品贸易形成了巨大的冲击。世界各国基于自己的生物技术研究与应用水平、农业发展程度、在国际贸易体系中的地位及作用，对转基因的研究、应用、生产和贸易采取了不同的立场和政策，从而导致了各国之间在转基因问题上的分歧与对立，造成转基因国际贸易秩序的失控与混乱，并且常常演化为贸易摩擦和争端。

二、欧盟转基因生物技术发展战略

（一）欧盟转基因生物技术发展整体概况

欧洲是现代科学技术的发源地，但相对而言，其生物技术产业的发展在整体上落后于美国，尤其在农业生物技术领域，近年来几乎处于止步不前的境地。尽管如此，在医药与健康领域，欧洲生物技术及其产业发展一直居于世界前列。生物技术同样是欧洲高技术发展的战略重点，历届欧盟框架计划，生命科学领域研究均是其最重要的组成部分。早在1996年，世界上第一只克隆绵羊在英国降世，轰动全球。德国在新药研究与开发方面位居欧洲第一。虽然研究重点不同，但欧盟与美国一样，将发展生物技术置于其战略发展重点的高度，以推动其研究与产业化发展。

第一，在制定高技术发展计划方面，德国、英国、法国均将生物技术列入其国家优先发展的关键技术。如英国政府2000年发表《生物技术制胜——2005年的计划与展望》战略报告；推行《促进生物技术产业与科研机构合作的联系计划》（LINK计划），自1988年以来已实施数十个有关生物技术方面的项目。德国政府也意识到生物科技将是保持德国未来经济竞争力的关键，自2001年以来先后推出BioFuture、BioRegion、BioChance、BioProfile等计划，由政府出资开发生物信息、蛋白质组研究和系统生物学等平台。法国同样将生物技术和环保技术列为本国高新技术产业规划重点，如实施《联邦生物技术战略纲要》和《2002年生物技术发展计划》等。第二，是加强科技立法，推进生物技术产业发展。如德国政府对其《基因技术法》进行多次修订，以促进生物技术产业发展。法国政府制定《技术创新与科研法》，通过立法促进科研人员与企业合作，提倡创办生物技术等高新企业，并通过提供资金和减税等政策鼓励企业创新。第三，是发展创新资本，支持创新产业。20世纪80年代，英国政府便开始扶持高技术产业，支持私人资本建立风险资本，投资英国科技企业，其中很大一部分投向英国的生物技术企业。德国生物技术研究目标集中于环境、健康、营养、能量和原材料等领域，在德国政府的鼓励和扶持下，其生物技术产业持续发展，大型生命科学企业中生物技术从业人员、用于生物技术方面的研发费用以及生物技术产品的销售额均不断增加。

（二）欧盟转基因农业政策

20世纪90年代以前，欧盟一直主导着转基因作物的研发。但在来自反对转基因的压力下，欧盟和成员国当局制定了一套严格的措施来监管生物技术产品的研发和商业化生产。尽管欧盟在植物生物技术方面有着很积极的态度，但新的转基因作物的商业化种植很难在短时间内实现。欧盟的转基因研发更多的集中在新型植物育种技术的开发上面。

在田间试验方面，2015年仅有11个成员国进行少量的转基因作物田间试验。在商业化种植方面，唯一种植的转基因作物是MON810玉米，仅有西班牙、葡萄牙、捷克、斯洛文尼亚和罗马尼亚5个国家种植面积约12.8万公顷，占欧盟玉米种植面积的1.3%。其中，西班牙种植面积为12.0万公顷，占其国家玉米种植总面积的30%。

在进出口方面，欧盟不出口任何转基因产品，每年进口大豆约3 000万吨，玉米约600万吨。这些产品主要用作家畜和家禽饲料。估计转基因大豆和玉米占总进口量的比例分别为约90%和25%。主要进口国为巴西、阿根廷和美国。

转基因作物在欧盟各国的接受度差别很大。成员国可分成3大类。第一种是接受国包括生产转基因作物的国家，以及若欧盟批准种植的作物范围更广，可能会种植的国家。在该类国家中，政府和行业大都赞成生物技术。第二种是冲突国，该种国家中愿意采用转基因技术与反对转基因技术的两股力量相当，或者通常后者更占上风。第三种是反对国，该种国家的大多数利益相关者反对转基因技术，在这些国家中，政府一般支持有机农业和本地品种。

2014年欧盟达成了一项新的法规。根据该法规，反对的成员国可出于非科学性因素在本国内禁止种植转基因作物。这项法规造成的影响是持反对态度的成员国将不大可能对欧盟进口法规投反对票，因为单个成员国有权禁止转基因作物的种植。

就欧盟市场而言，大的趋势是：①在欧盟存在的农业形式差异很大，但大多数农民和饲料供应链总体上支持生物技术；②欧洲消费者由于接触来自反对者的负面消息更多，他们的观念大多是负面的；③食品零售商根据消费观念调整供货。

（三）欧盟的农业转基因技术发展战略

欧盟研发框架计划（FP）于1984年开始启动实施，是由欧委会具体管理的欧盟最主要的科研资助计划，也是迄今为止世界上最大的公共财政科研资助计划。欧盟研发框架计划从1984年的第一研发框架计划（FP1）发展到将于2013年截止的第七研发框架计划（FP7），再到2011年11月新推出的（2014—2020年）研发创新框架计划“2020地平线”（Horizon 2020），共计经历8个阶段。欧盟第一研发框架计划（FP1）：跨年度1984—1990

年，研发经费总投入32.71亿欧元；欧盟第二研发框架计划（FP2）：跨年度1987—1995年，研发经费总投入53.57亿欧元；欧盟第三研发框架计划（FP3）：跨年度1991—1995年，研发经费总投入65.52亿欧元；欧盟第四研发框架计划（FP4）：跨年度1995—1998年，研发经费总投入131.21亿欧元；欧盟第五研发框架计划（FP5）：跨年度1999—2002年，研发经费总投入148.71亿欧元；欧盟第六研发框架计划（FP6）：跨年度2003—2006年，研发经费总投入192.56亿欧元；欧盟第七研发框架计划（FP7）：跨年度2007—2013年，研发经费总投入558.06亿欧元；2020地平线（财政预算预期）：跨年度2014—2020年，研发经费总投入860亿欧元。

在第一到第五研究框架计划中，欧盟共支持了以“转基因生物安全性”为主题的81个项目，研究机构涉及超过400个实验室。主要覆盖的主题有水平基因转移、转基因植物的环境影响、植物微生物相互作用、转基因鱼、重组疫苗、食品安全等。获得的基本研究结论是：转基因和非转基因一样，都不是天生有风险或安全的，它们对人体健康或环境的影响取决于生物体的特性和应用的情况。部分实验中获得的负面结果没有显示出与转基因技术有确切的相关性。从另一个角度讲，这些结果提高了我们对生态过程和互作的分子机制的认识和理解，有助于理解在转基因或其他新技术应用之前建立环境基线具有重要意义。

在第五个和第六框架的后续10年中，欧盟持续支持了50个转基因相关的研究项目。这些项目涉及400多个研究小组，总经费约2亿欧元。此外，许多会员国也纷纷推出自己的国家研究倡议，补充这些协调欧洲研究工作。这50个研究项目可以分为以下几个主区域。

转基因生物对环境影响；

转基因食品和食品安全；

转基因生物材料和生物燃料——新兴技术；

风险评估和管理—政策支持和沟通。

很显然欧盟框架计划关于转基因研究的支持内容不仅解决科学未知

问题，更重要的是公众关注的问题，转基因产品的潜在环境影响，食品安全，转基因和非转基因作物的共存，风险评估策略等。

欧盟第七科技框架计划中的10个领域中，其中一个领域为“食品、农业与生物技术”。主要目标是通过相关研究，应对食品安全以及气候变化对农业、渔业可持续经营所带来的挑战，使欧洲成为以知识为基础的“生物—经济体”。该领域的研究经费为25亿欧元。其中包括基因学、基因蛋白质学等新兴生物技术“组学”的研究能力以及生物处理与生物精炼概念、生化触媒等生物技术领域的研究。

Horizon 2020是欧盟一个全面的科研创新项目。此项目自2014年起至2020年止，共800亿欧元项目基金。Horizon 2020基金关注于欧盟面临的巨大挑战，包括可持续发展农业、食品安全、资源效能以及生物经济。转基因技术是Horizon 2020项目中可以促进欧洲经济、确保欧盟保持持续的全球竞争力及其科技中心卓越地位的6项使能技术之一。

三、巴西转基因生物技术发展战略

从2006年开始，巴西转基因作物种植面积超过阿根廷，成为世界第二大转基因作物种植大国。2016年巴西转基因作物种植面积达到4 910万公顷，主要转基因作物为大豆、玉米和棉花。1998年巴西批准了第一个抗草甘膦大豆的研发，但未批准其商业化释放。1998年到2005年新生物安全出台之前，只有一个转*Bt*基因抗虫棉花获得商业化释放。巴西国内农户大量偷种转基因大豆的现象促进了《巴西生物安全法》的诞生。2003年以前，巴西法律禁止种植和销售转基因大豆，一经发现，不但没收，还要追究刑事责任（处1~3年监禁）。但由于政府监控不力，自1997年以来国内大豆种植户根本不顾及禁令，转基因大豆面积不断扩展。2002年大豆播种季节，巴西卡多佐政府决心彻底解决这一国内长期存在的“转基因危机”，于2003年3月26日颁发了113号临时措施，正式认可转基因大豆种植的事实。113号临时措施后来被国会批准，于2003年7月正式写入“10688号法律”。2003年9月，卢拉政府颁布4846号行政令，同意在2003—2004年度在国内种植和销售转基因大豆。2004年2月，巴西众议院通过一项支持转基因技术合法化的生物安全法案，并于10月获参议院批准，不过参议院对法案进行了修改，由于没有人能够提供转基因大豆安全性和对环境不造成污染的证据，参议院认为政府应坚持禁止种植和销售转基因大豆。后来几经修改，终于在2005年3月，巴西颁布了新的《生物安全法》。在新的生物安全法律框架下，巴西的转基因作物研发和商业化生产进入正常轨道。

新的《生物安全法》颁布之后，巴西的转基因技术研发取得了重要进展。巴西的研究所、大学和巴西农业研究公司（EMBRAPA）已经开发出了多种具有不同性状的转基因作物。EMBRAPA开发并发布了巴西第一个具有金色花叶病毒抗性的转基因菜豆品种，随后投入商业化生产；此外，EMBRAPA与德国BASF公司合资，培育和释放了抗除草剂大豆新品种。该品种具有咪唑啉酮类除草剂抗性。除了大豆、玉米和棉花之外，在巴西还有许多其他转基因作物进入研发后期，正在进行田间试验。水稻、西番莲、桉树、豇豆和甘蔗等都是进入大田试验阶段的物种，它们被测试的性状分别是高产、抗旱、抗真菌、油品质量和木材密度。

巴西和阿根廷的转基因审批程序分为两步，第一步由科学家们审查技术安全性，第二步由政府决定是否上市，后一步完全是出于贸易上的考虑。过去，巴西的转基因审批程序是仿照欧盟的标准制定的，比美国要严格。但随着欧盟地位降低，巴西的转基因审批程序也越来越偏离欧盟，向美国模式靠拢。

在政府的积极扶持和宽松的政策下，巴西农业技术公司发展迅速，例如巴西国家农业研究公司在很多方面已经可以和跨国种业巨头一较高下。2009年巴西批准了第一种在本土研制成功的转基因农作物。

四、阿根廷转基因生物技术发展战略

阿根廷是继美国和巴西之后第三大转基因作物生产国，产量占到全球转基因作物总产量的14%。阿根廷种植的大豆几乎全部为转基因品种，95%的玉米种植区和100%的棉花种植区也都种植了转基因品种。阿根廷大豆经济几乎完全以出口为导向，20%的大豆直接出口，其余的大豆由炼油厂加工（也主要用于出口），93%的大豆油和99%的副产品（豆粕）出口国外。

阿根廷把转基因生物技术产业作为发展的重要目标。阿根廷是全球率先种植转基因作物的几个国家之一，几乎与美国同时采用耐除草剂大豆，这是阿根廷采用转基因技术的重要特点。2012年，阿根廷实施新的农业生物技术监管框架，监管体系的主要目标是将转化体的审批时间缩短到24个月，而之前审批过程大约需要42个月。新的农业生物技术监管框架目前已经实现了缩短审批时间的预期目标，有效促进了新技术的采用。

阿根廷政府重视生物技术的研究与创新。阿根廷政府大力扶持本土研发的发展，提升创新能力，加强竞争能力。1992年，阿根廷政府推出了生物技术促进政策，政府专门成立了农业技术研究中心。80%的阿根廷生物技术公司是由国家投资支持的中小型企业。近年来，阿根廷自主研发能力稳步提升，阿根廷研究人员研发两个转基因产品，抗病毒马铃薯及新型抗旱小麦和大豆，分别于2015年底和2016年初获得了批准。阿根廷国家农业生物技术咨询委员会已经审查通过了耐除草剂和抗虫的甘蔗品种，国家农业食品质量卫生局仍在开展评估过程。这两个品种都是Obispo Colombres实验研究站和Santa Rosa研究所的阿根廷科学家研发的。一旦获得批准，这些品种将提高产量，推动甘蔗经济发展。

阿根廷约在1994年左右开始进行动物克隆研究，2002年，阿根廷Biosidus公司成为全国第一个成功实现动物克隆的公司。目前，阿根廷有三家公司和一家公共机构能够提供商业克隆服务，主要针对动物育种。

五、日本转基因生物技术发展战略

日本2002年发布《开创生物技术产业的基本方针》，提出“生物产业立国”的口号。先后实施“蛋白质3000”计划和“基因组网络研究”计划等，从而在生物医药与健康领域取得领先优势。日本政府采取多项措施以促进生物技术产业发展。

一是政策计划引导。20世纪80年代末，日本政府提出以信息、生物技术为主导的口号，其1992年科学技术政策大纲、1993年的产业科学技术研究开发制度、1996年科学技术基本计划、1999年的国家产业技术战略，都是以生物技术为代表的高新技术为产业发展重点。并先后制定多个大型研究计划，如有脑科学研究计划、面向21世纪的先导性科学研究计划、生命科学研究开发基本计划、新纪元高技术开发计划等，以持续加大对生物技术研发的经费投入。

二是从财政税收方面给予支持。日本政府制定了高新技术产业的补助金制度，以调动企业科技创新的积极性。同时，政府还通过多种补贴、信贷、税收减免及折旧制度等为企业开发新技术提供优惠。

三是促进产官学合作。日本政府于1986年制定了研究交流促进法，科技厅与文部省也建立多项制度，以促进研究协作与流动。同时推出产学合作的产业研发促进计划、风险实验室计划和面向未来的研究计划等，将大学科研人员的新理论、新技术与企业的科研有机结合，推动科研成果的转化。

六、印度转基因生物技术发展战略

印度将发展生物技术产业，置于信息技术、航天工业同等重要的地位，希望生物技术能够像信息技术一样，站在世界先进水平，推动其经济发展再上新台阶。

印度组建由200多人组成的专门的生物技术部，负责生物技术领域的科研和产业促进与管理，为生物技术领域的发展制定了一整套政策，其中，包括大幅度增加国家用于生物技术研究与开发的预算、改善实验室设备、保护专利和简化审批程序等。

印度出台《生物技术十年展望》，其总体发展目标：一是大力推进生命过程研究，使之服务于人类进步；二是在农业、营养保障、分子医学、污染控制、生物多样性保护和生物产业领域，有的放矢地加强投入，利用生物技术提高效率、提高生产力和降低成本；三是培养生物技术人才；四是为生物技术研究提供先进的基础设施，推动新产品、新技术和新工艺的发展。

2007年，印度启动了一项全国性的生物技术战略，集中发掘生物技术长期有益于农业、卫生和环境方面的潜力。这一战略包括让生物技术产值在2012年达到70亿美元这一目标，以及改革生物技术教育体制来创建全球性的教育与高级研发中心。

作为一个农业大国，农业生物技术是印度政府确定的生物技术研究主攻领域之一，也是其重点扶持的有应用前景的领域之一。印度批准了转基因棉花的种植，鼓励棉农采用生物技术来提高他们同中国和美国竞争的能力，并迅速使其转基因作物种植面积超过中国，攀升至世界第四，从而从根本上改变了世界棉花贸易格局。

REFERENCE 参考文献

Alexandre N，Mauricio L，Flavio F，等. 2014. 巴西生物安全立法与转基因作物的应用[J]. 华中农业大学学报，33（6）：40-45.

高桥滋，周蒨. 2015. 日本转基因食品法制度的现状及课题[J]. 法学家（2）：134-139.

韩芳，史玉民. 2014. 印度公众对转基因作物政策制定的影响和参与[J]. 科技管理研究，（13）：26-29.

胡加祥. 2015. 转基因产品贸易与国际法规制研究[J]. 山西大学学报（哲学社会科学版），38（4）：96-107.

黄昆仑，许文涛. 2009. 转基因食品安全评价与检测技术[M]. 北京：科学出版社.

康乐，陈明. 2013. 我国转基因作物安全管理体系介绍、发展建议及生物技术舆论导向[J]. 植物生理学报，49（7）：637-644.

刘培磊，徐琳杰，叶纪明，等. 2014. 我国农业转基因生物安全管理现状[J]. 生物安全学报，23（4）：297-300.

刘银良. 2015. 美国转基因生物技术治理路径探析及其启示[J]. 法学（9）：139-149.

罗云波，贺晓云. 2014. 中国转基因作物产业发展概述[J]. 中国食品学报，14（8）：10-15.

牛艳惠. 2014. 欧盟转基因食品安全立法对我国的启示[D]. 南宁：广西大学.

农业部农业转基因生物安全管理办公室，中国科学技术协会科普部. 2014. 农业转基因生物知识100问[M]. 第二版. 北京：中国农业出版社.

农业部农业转基因生物安全管理办公室，中国农业科学院生物技术研究所，中国农业生物技术学会. 2012. 转基因30年实践[M]. 第二版. 北京：中国农业科学技术出版社.

农业部农业转基因生物安全管理办公室. 2015.国外转基因知多少[M]. 北京：中国农业出版社.

农业部农业转基因生物安全管理办公室. 2011. 百名专家谈转基因[M]. 北京：中国农业出版社.

农业部农业转基因生物安全管理办公室. 2014. 转基因食品安全面面观[M]. 北京：中国农业出版社.

农业转基因生物安全管理部际联席会议办公室，中国科协科普部. 2014. 理性看待转基因[M]. 北京：科学普及出版社.

祁潇哲，贺晓云，黄昆仑. 2013. 中国和巴西转基因生物安全管理比较[J]. 农业生物技术学报，21（12）：1498-1503.

乔雄兵，连俊雅. 2014. 论转基因食品标识的国际法规制——以《卡塔赫纳生物安全议定书》为视角[J]. 河北法学，32（1）：134-143.

王傲雪，陈秀玲. 2011. 转基因番茄的研究现状及其产业化[J]. 遗传，33（9）：962-974.

王德平，王丽伟. 2006. 国内外转基因植物研发现状与中国发展对策[M]. 合肥：安徽大学出版社.

王海龙，杨向东，张初，等. 2016. 近红外高光谱成像技术用于转基因大豆快速无损鉴别研究[J]. 光谱学与光谱分析，36（6）：1843-1847.

武小霞，张彬彬，王志坤，等. 2010. 转基因作物的生物安全性管理及安全评价[J]. 作物杂志（4）：1-4.

杨桂玲，张志恒，袁玉伟，等. 2011. 澳大利亚转基因食品溯源管理体系研究[J]. 江苏农业科学，39（4）：371-374.

杨晓光，刘海军. 2014. 转基因食品安全评估[J]. 华中农业大学学报，33（6）：110-111.

于燕波. 2014. 近红外光谱分析技术在转基因水稻识别和高油棉籽筛选中的应用研究[D]. 北京：中国农业大学.

张丽. 2012. 转基因产品检测标准物质研究[D]. 北京：中国农业科学院油料作物研究所.

周云龙，李宁. 2013. 转基因给世界多一种选择[M]. 北京：中国农业出版社.

European Commission. 2010. A decade of EU-funded GMO research (2001—2010)[M]. Luxembourg：Publications Office of the European Union.

ISAAA. 2016. Global Status of Commercialization Biotech/GM Crops：2016[M]. Ithaca NY：ISAAA.